FORSCHUNGSBERICHTE DES LANDES NORDRHEIN-WESTFALEN

Nr. 1334

Herausgegeben

im Auftrage des Ministerpräsidenten Dr. Franz Meyers

von Staatssekretär Professor Dr. h. c. Dr. E. h. Leo Brandt

DK 628.972 : 62.001.57

Prof. Dr.-Ing. habil. Witold Wiechowski, Aachen
Dipl.-Ing. Richard Schneppendahl, Aachen
Dipl.-Ing. Norbert Vormann, Aachen
im Auftrage von Prof. Dr.-Ing. Eugen Flegler

Rogowski-Institut für Elektrotechnik der Rhein.-Westf. Techn. Hochschule Aachen

Untersuchungen an Modellen
von Innenbeleuchtungsanlagen

WESTDEUTSCHER VERLAG · KÖLN UND OPLADEN 1964

ISBN 978-3-663-06497-8   ISBN 978-3-663-07410-6 (eBook)
DOI 10.1007/978-3-663-07410-6

Verlags-Nr. 011334

© 1964 by Westdeutscher Verlag, Köln und Opladen

Gesamtherstellung: Westdeutscher Verlag

Inhalt

Vorwort 7

1. Zweck von Modellversuchen 9

2. Gesetzmäßigkeiten und Anforderungen bei lichttechnischen Modellen .. 10

3. Ausführung der Modelle 11

4. Betrachten der Modelle, Messungen und Lichtbildaufnahmen 14

5. Beispiele für ausgeführte Modellversuche 19
   5.1 Beleuchtung eines neu zu bauenden Festsaales 19
   5.2 Planung der Beleuchtung für einen Saalumbau 26
   5.3 Beleuchtungsanlage für »heiße Zellen« 32

6. Ergänzungen 37

Zusammenfassung 38

Anhang: Herleitung der Modellgesetze 39

Schrifttum 43

Vorwort

Bei der Planung normaler Beleuchtungsanlagen kommt es im allgemeinen darauf an, Art, Anzahl und Anordnung der Lichtquellen so zu wählen, daß ein vorgeschriebenes Helligkeitsniveau bei bestimmten Anforderungen an z. B. Lichtrichtung, Schattigkeit und Gleichmäßigkeit erreicht wird, ohne daß dabei störende Nebenerscheinungen, wie etwa unangenehme örtliche Helligkeitsunterschiede oder gar Blendung, auftreten. Bei Innenbeleuchtungsanlagen begnügt man sich in den meisten Fällen mit der Ermittlung des allgemeinen Helligkeitsniveaus, das durch die mittlere Beleuchtungstärke auf einer Ebene 0,85 m (früher 1 m) über dem Fußboden, der sogenannten Bezugsebene, gekennzeichnet wird. Das hierbei wohl ausschließlich angewendete Wirkungsgradverfahren [1] ergibt diese mittlere Beleuchtungstärke in einfachster Weise als Quotient Gesamtlichtstrom aller Lichtquellen durch Fläche der Bezugsebene, der mit einem »Wirkungsgrad« multipliziert wird, um die Lichtverluste im Raum zu erfassen. Für diesen Raumwirkungsgrad gibt es ausführliche Zahlentafeln, die den am häufigsten vorkommenden Besonderheiten der Räume und der Art der Beleuchtung Rechnung tragen. Bei den übrigen genannten Punkten allerdings ist der Planer, abgesehen von einigen »Faustregeln« über Anzahl und Anbringung der Lichtquellen, auf seine Erfahrung angewiesen. Das Wirkungsgradverfahren liefert im Regelfall, wenn die geplante Anlage nicht allzu verschieden von bereits ausgeführten ist, durchaus brauchbare Ergebnisse bei einem Mindestaufwand an Rechenarbeit.
Anders liegen die Verhältnisse, wenn die zu erstellende Anlage noch kein Vorbild hat, z. B. wenn der Architekt das Licht als Mittel zur Raumgestaltung verwenden will, oder weil Besonderheiten eines Raumes zu außergewöhnlichen Maßnahmen bei seiner Beleuchtung zwingen. In solchen Fällen ist es Aufgabe des Lichtingenieurs zu überprüfen, ob die vorgesehene Beleuchtung den grundsätzlichen physiologischen und psychologischen Anforderungen an Helligkeitsniveau, Lichtfarbe, Schattigkeit, Gleichmäßigkeit, Vermeidung von Blendung usw. genügt und gegebenenfalls Änderungen vorzuschlagen[1].
Der optische Gesamteindruck eines Raumes wird durch die Verteilung von Helligkeit und Farbe bestimmt. Eine Beleuchtung ist mithin nur dann als objektiv eindeutig und vollständig beschrieben anzusehen, wenn Leuchtdichte (für die empfundene Helligkeit maßgebend) und spektrale Zusammensetzung des Lichtes (die Farbe bestimmend) in allen Punkten des Gesichtsfeldes eines Beobachters bekannt sind. Eine Vorausberechnung müßte also grundsätzlich die Ermittlung der Verteilung der Leuchtdichte und Lichtfarbe zum Ziele haben.

---

[1] Die vorliegende Arbeit entstand im Anschluß an ein Gutachten über die für den Kongreßsaal im Karl-Arnold-Haus der Wissenschaften, Düsseldorf, vorgesehene Beleuchtungsanlage.

Die Verteilung der Leuchtdichte hängt dabei wegen der Richtungsabhängigkeit der Reflexionsgrade nicht nur von der Beleuchtung, d. h. der Beleuchtungstärke auf den Oberflächen der Gegenstände im Raum, sondern auch vom jeweiligen Standort des Beobachters ab und wäre daher für alle möglichen Beobachtungsstellen, zum mindesten aber für einige besonders kennzeichnende, zu bestimmen. Dies ist nicht allzu schwierig, wenn die Reflexionsgrade und ihre Richtungsabhängigkeit aller gesehenen Gegenstände und die auf ihnen herrschenden Beleuchtungstärken bekannt sind. Man wird also zunächst überall die Beleuchtungstärken zu ermitteln haben.

Eine Bestimmung der Verteilung der Beleuchtungstärke ist mit Hilfe verschiedener rechnerischer oder zeichnerischer Verfahren grundsätzlich möglich, bei Innenräumen aber äußerst umständlich, da jedes Flächenelement hier nicht nur unmittelbar von den Lichtquellen, sondern in höchst verwickelter Weise auch von allen reflektierenden Flächen im Raum, insbesondere von den ihn begrenzenden (Wände, Decke und Boden) beleuchtet wird. Es ist daher auch dann so gut wie ausgeschlossen, die Beleuchtungstärke exakt zu berechnen, wenn die erforderlichen Angaben wirklich vollständig und in allen Einzelheiten vorliegen, was nur selten der Fall sein dürfte. Zu den erforderlichen Angaben gehören neben Form, Größe und Einrichtung des Raumes sowie Art, Anzahl und Lichtverteilung der Lichtquellen nämlich auch die Reflexionsgrade (und ihre Richtungsabhängigkeit) der Raumbegrenzungsflächen und aller im Raum befindlichen Gegenstände. Man muß daher von Fall zu Fall oft recht einschneidende Vereinfachungen und Vernachlässigungen machen, um mit einigermaßen vertretbarem Arbeitsaufwand zu Ergebnissen zu kommen, bei denen man, eben wegen der Vereinfachungen und Vernachlässigungen, durchaus nicht immer die Gewähr hat, daß sie mit den wirklichen Verhältnissen genügend genau übereinstimmen. Will man den Einfluß von Änderungen oder Ergänzungen an der geplanten Anlage erfassen, so erweist es sich fast immer als notwendig, den größten Teil der umfangreichen Rechnungen oder zeichnerischen Ermittlungen zu wiederholen.

Dazu kommt, daß die Ergebnisse, die z. B. in Form von Linien gleicher Beleuchtungstärke auf verschiedenen Flächen im Raum oder in Form von Linien gleicher Leuchtdichte für einen bestimmten Standort eines Beobachters wiedergegeben werden, nur sehr erfahrenen Fachleuten den Gesamteindruck vermitteln können, den eine Beleuchtungsanlage nach ihrer Fertigstellung dem Benutzer bieten wird. Wünschenswert wäre es, auch anderen Personen, insbesondere den Bauherren oder Auftraggebern, eine anschauliche Vorstellung über ein Projekt zu vermitteln, wie dies z. B. im Bauwesen an Hand von Zeichnungen, Bildern und Modellen möglich ist.

1. Zweck von Modellversuchen

Es liegt daher nahe, Modelle auch für Beleuchtungsanlagen anzufertigen oder vorhandene Modelle des Architekten mit Modell-Beleuchtungsanlagen zu versehen. An solchen Modellen, welche den zu beleuchtenden Raum samt der Beleuchtungsanlage in einem entsprechend verkleinerndem Maßstab genau nachbilden müssen, können die interessierenden lichttechnischen Größen und ihre Verteilung unmittelbar gemessen werden, was wesentlich weniger zeitraubend ist und im allgemeinen zuverlässigere Ergebnisse liefert als eine rechnerische oder zeichnerische Ermittlung. Darüber hinaus läßt sich der Einfluß von Abänderungen und Verbesserungen unmittelbar mit dem Auge erkennen und ohne große Mühe messend erfassen. Schließlich kann man von dem Modell Lichtbilder herstellen, die bei richtigen Aufnahmeverhältnissen einen guten Gesamteindruck von dem beleuchteten Raum vermitteln würden[2].

Der Gedanke einer Verwendung von Modellen in der Lichttechnik ist an sich nicht neu. Modelle wurden z. B. zur Ermittlung der eingangs erwähnten Raumwirkungsgrade [3], [4], zur Klärung verschiedener Probleme bei Außen-(Straßen-)Beleuchtungen [5], [6], [7] und schließlich auch für Tagesbeleuchtung [8] verwendet. Es fehlen aber bisher folgerichtige Darstellungen des bei Modellversuchen grundsätzlich zu Beachtenden, insbesondere der bei Modellversuchen gültigen Gesetzmäßigkeiten, sowie kritische Vergleiche von Meßergebnissen an Modellen und ausgeführten Anlagen. Ebensowenig finden sich ausreichende Angaben über optische Geräte, mit denen bei Betrachtung eines Modells ein naturgetreuer Eindruck der fertigen Anlage vermittelt werden kann.

---

[2] Über die sich bei Modellversuchen für Innenbeleuchtungsanlagen bietenden Möglichkeiten usw. wurde bereits auf der Jahrestagung der Lichttechnischen Gesellschaft am 18. 3. 1960 in Hamburg vorläufig berichtet [2].

2. Anforderungen und Gesetzmäßigkeiten bei lichttechnischen Modellen

Das Modell bilde den zu untersuchenden Raum im Maßstab $M = 1 : m$ *geometrisch ähnlich* ab. Einander entsprechende Längen in Modell und Original verhalten sich dann wie $1 : m$ und einander entsprechende Flächen wie $1 : m^2$.

Von einem lichttechnisch brauchbaren Modell ist zu verlangen, daß die Helligkeiten in Modell und Original an allen Stellen in gleichem Verhältnis stehen und daß Farbeindruck und Farbwiedergabe übereinstimmen. Wie im Anhang gezeigt wird, ist hierzu erforderlich, daß

a) die Reflexionseigenschaften einander entsprechender Flächen in Modell und Original übereinstimmen (auch in bezug auf ihre Wellenlängenabhängigkeit, d. h. die Farbe),
b) die Lichtquellen in Modell und Original gleiche räumliche Lichtverteilung und gleiche spektrale Zusammensetzung haben.

Für ein Modell mit diesen Eigenschaften, das als *lichttechnisch ähnlich* bezeichnet werden möge, gilt als Modellgesetz, daß sich die Leuchtdichten und Beleuchtungsstärken in einander entsprechenden Punkten von Modell und Original verhalten, wie die mit dem Kehrwert des Quadrats des linearen Abbildungsmaßstabes multiplizierten Lichtströme der Lichtquellen

$$\frac{L'}{L} = \frac{E'}{E} = \frac{1}{M^2} \frac{\Phi'}{\Phi} \qquad (1)$$

L' Leuchtdichten, E' Beleuchtungsstärken, Φ' Lichtströme im Modell; L Leuchtdichten, E Beleuchtungsstärken, Φ Lichtströme im Original

Macht man insbesondere die Lichtströme der Lichtquellen im Modell genau M^2-mal kleiner, oder – was dasselbe bedeutet – benutzt man im Modell M-mal verkleinerte, geometrisch ähnliche Lichtquellen gleicher Leuchtdichte, so herrschen im Modell und Original gleiche Beleuchtungsstärken, und alle Flächen erscheinen einem Beobachter von allen einander entsprechenden Stellen aus im Modell und im Original mit der gleichen Leuchtdichte, d. h. gleich hell. Dies ist vor allem bei der Beurteilung von Helligkeitsgegensätzen ein nicht zu unterschätzender Vorteil: Blendende Stellen oder unerwünschte Schattenbildungen werden im Modell genauso auffallen und stören wie in der Wirklichkeit [9].

3. Ausführung der Modelle

Ein Innenraum läßt sich im Modell mit mehr oder weniger großem Aufwand stets hinreichend genau nachbilden. Dabei ist es selbstverständlich völlig belanglos, wie ein solches Modell von außen aussieht. Wichtig ist lediglich, daß die geometrische Ähnlichkeit des Inneren auf möglichst einfache Weise verwirklicht wird. Vielfach ist es zweckmäßig, das Modell zerlegbar zu bauen, derart, daß z. B. Decke und Wände leicht einzeln und ohne Beschädigung entfernt werden können.

Als Modellbaustoffe kommen in erster Linie Holz in Form von Leisten und (Sperr-)Platten, Preßpappe und dergleichen in Betracht. Um die lichttechnische Ähnlichkeit zu gewährleisten, liegt es nahe, im Modell die gleichen Werkstoffe für die Innenauskleidung zu nehmen, wie im Original. Dies gilt insbesondere für Holzarten (z. B. für Täfelungen) und Farbanstriche. In anderen Fällen, etwa bei der Wiedergabe gemauerter, verputzter oder betonierter Flächen, kann man sich mit Papier- oder Pappbelägen geeigneter Farbe und Oberflächenstruktur helfen. Dabei ist es wichtig, sich durch vorausgehende Messungen von der Übereinstimmung der Reflexionseigenschaften mit denen der Originaloberflächen zu überzeugen, und zwar nicht nur im Hinblick auf den pauschalen Reflexionsgrad, sondern auch in bezug auf die Richtungsabhängigkeit.

Schwierigkeiten können auftreten, wenn Flächen mit verhältnismäßig groben Unregelmäßigkeiten, z. B. genarbte Tapeten o. ä. nachgebildet werden sollen. Verwendet man die vorgesehenen Stoffe auch im Modell, so kann dies den Gesamteindruck verändern und zu Abweichungen in der Lichtverteilung führen, da ja die Musterung usw. nicht maßstäblich verkleinert ist. Ein geometrisch ähnlicher Belag mit entsprechend verkleinerten Oberflächenunregelmäßigkeiten wird selten zur Verfügung stehen, so daß man auch hier auf Ersatzstoffe (Papier) mit möglichst übereinstimmenden Reflexionseigenschaften zurückgreifen muß.

Ist ein wesentlicher Einfluß der Inneneinrichtung auf die Lichtverteilung im Raum zu erwarten, z. B. durch starke Lichtabsorption oder durch Schattenbildung, so muß das Modell auch Möbel und Einrichtungsgegenstände (z. B. die Bestuhlung in Sälen) erhalten. Häufig kann man hier auf eine bis ins einzelne gehende Nachbildung verzichten und kommt dann mit einfachen Ersatzkörpern, z. B. Pappkästchen geeigneter Oberflächenbeschaffenheit, aus. Nicht übersehen werden darf, daß auch der Fußboden die Lichtverteilung im Raum beeinflußt und daher gleichfalls dem Original lichttechnisch ähnlich sein muß. Er ist deshalb im Modell mit einem Belag usw. zu versehen, der nach Farbe und Reflexionseigenschaften der Wirklichkeit entspricht.

Recht schwierig ist oft eine geometrisch und lichttechnisch ähnliche Wiedergabe der Lichtquellen und Leuchten im Modell, denn diese müssen ja nicht nur dieselbe

Form und dieselbe mittlere Leuchtdichte, sondern auch dieselbe Lichtverteilung haben, wie die entsprechenden Lichtquellen des Originals.

Am einfachsten ist noch die Nachbildung großer Leuchtflächen, wie sie neuerdings immer häufiger an Decken und Wänden verwendet werden. Sie lassen sich gut durch Öffnungen im Modell wiedergeben, die entweder mit der Originalabdeckung (Glas oder Kunststoff) oder mit einer Abdeckung aus durchscheinendem Papier versehen werden, und die man von außen, u. U. mit gemeinsamen Lichtkästen, so beleuchtet, daß die erforderlichen Leuchtdichten erreicht werden (s. z. B. Bilder 3 und 11).

Abdeckungen aus Papier sind billig, leicht herzustellen und zu befestigen (auszuschneiden und anzukleben). Unter den zahlreichen, im Handel befindlichen Sorten findet sich fast immer eine, die die gewünschte Lichtverteilung ergibt. Gegebenenfalls kann man sich auch durch Tränken oder Lackieren (z. B. mit Öl oder Zaponlack) helfen. Durchscheinendes Papier als Abdeckung hat weiter den Vorteil, daß man durch Übereinanderlegen mehrerer Blätter ohne großen Aufwand die Lichtdurchlässigkeit und damit auch die Leuchtdichte verändern kann. Darüber hinaus kann man auch auf einfache Weise eine gewollt ungleichförmige Ausleuchtung von Leuchtfeldern nachahmen, etwa eine (mit dem Auge kaum zu erkennende) Abnahme der Leuchtdichte gegen die Mitte zu, die zur Beeinflussung der Lichtverteilung im Raum bisweilen erforderlich ist, und die im Original z. B. durch Anordnung mehrerer verschieden starker Lampen hinter der Abdeckung erreicht wird. Man braucht dazu nur entsprechend ausgeschnittene und übereinandergelegte Papierstücke als Abdeckung zu verwenden und kann das Modell-Leuchtfeld von außen gleichmäßig beleuchten.

Statt normaler Leuchtstofflampen kann man im Modell Kleinleuchtstofflampen oder Röhrchenglühlampen mit einem geeigneten Lacküberzug verwenden, wobei darauf zu achten ist, daß die Ersatzlichtquellen in ihren Abmessungsverhältnissen nicht allzusehr von den Originallichtquellen abweichen [10].

Gewöhnliche Glühlampen können durch Zwerg- und Kleinstglühlampen ersetzt werden. Die dazugehörigen Leuchten – hierher gehören z. B. auch Flutlichtscheinwerfer – müssen durch Modelle aus Papier, Pappe, Kunststoff, Aluminiumfolie usw. nachgebildet werden, was meist mühevoll und schwierig ist.

Tiefstrahler und Reflektorlampen lassen sich auch durch Punktlichtquellen (Glühlampen) wiedergeben, denen man Lochblenden in einer solchen Entfernung vorsetzt, daß die entstehende Lichtverteilung der des Tiefstrahlers oder der Reflektorlampe möglichst nahe kommt (Bild 17). Für rotationssymmetrische Lichtverteilungen benutzt man dabei kreisförmige Öffnungen. Unsymmetrische Lichtverteilungen erreicht man mit elliptischen oder rechteckigen Schlitzen. Damit dabei die geometrische Ähnlichkeit einigermaßen gewahrt bleibt, sollten die Querschnitte der Blendenöffnungen den Querschnitten der Lichtaustrittsöffnungen im Original maßstäblich entsprechen. Sind die Tiefstrahler oder Reflektorlampen nahe der Decke aufgehängt oder in diese eingelassen, so sieht man einfach entsprechend geformte Öffnungen in der Modelldecke vor, über die dann die Glühlampen gehängt werden.

Bei allen im Modell verwendeten Lichtquellen ist eine Überprüfung der Lichtverteilung [11], der Leuchtdichte [12] und gegebenenfalls auch des Gesamtlichtstroms [13] dringend zu empfehlen. Die Messungen hierzu sind nicht sehr umständlich, da wegen der Kleinheit der Modellichtquellen auch die Meßabstände klein sein können und keine sehr hohen Genauigkeitsansprüche gestellt werden müssen.

Zur geometrischen und lichttechnischen Ähnlichkeit von Modell und Original ist noch folgendes zu bemerken. Bisweilen liegen bei der Planung einer Beleuchtungsanlage, d. h. zur Zeit der Erstellung des Modells, gewisse Einzelheiten, z. B. der Wandverkleidung oder des Fußbodenbelages, noch nicht endgültig fest. Dann muß man das Modell zunächst nach eigenem Gutdünken ausstatten oder besser der Reihe nach alle zur Erörterung stehenden Möglichkeiten im Modell nachbilden und erproben (zerlegbares Modell!). In anderen Fällen erweist es sich als notwendig, im Modell gewisse Abänderungen, z. B. bei der Anordnung der Lichtquellen, vorzunehmen, etwa um eine verlangte Gleichmäßigkeit der Beleuchtungstärke zu erreichen oder unerwünschte Nebenerscheinungen zu vermeiden.

Es ist eigentlich selbstverständlich, kann aber nicht eindringlich genug betont werden, daß die in solchen Fällen im Modell erprobten Beleuchtungsverhältnisse nur dann auch in der Wirklichkeit erwartet werden können, wenn nunmehr das Original dem Modell geometrisch und lichttechnisch ähnlich gemacht wird: Die im Modell erprobte Ausstattung und Anordnung muß auch tatsächlich auf das Original übertragen werden, und zwar ohne weitere Veränderungen, auch wenn sie noch so geringfügig oder bedeutungslos erscheinen.

Der Maßstab eines Modells schließlich sollte so gewählt werden, daß sich Abmessungen ergeben, bei denen für die Lichtmessungen noch handelsübliche Geräte verwendet werden können. Diese Forderung führt auf Hauptabmessungen des Modells von mindestens 1 bis 2 m. Der gewählte Maßstab beeinflußt selbstverständlich auch die Kosten eines Modells. Innerhalb vernünftiger Grenzen lassen sich größere Modelle mit geringerem Zeitaufwand herstellen als kleinere (man denke z. B. an die mühevolle Arbeit der Nachbildung kleiner, aber wichtiger Einzelheiten, z. B. von profilierten Täfelungen oder gar kleiner Glühlampenleuchten), die Werkstoffkosten (Sperrholztafeln usw.) sind aber entsprechend höher. Man muß daher von Fall zu Fall einen Kompromiß treffen, und es scheint, daß Modelle mit Hauptabmessungen von 1 bis 2 m, auch was die Herstellungskosten anlangt, am günstigsten sind.

4. Betrachten der Modelle, Messungen und Lichtbildaufnahmen

Schon bei einer unmittelbaren Betrachtung des Modells von außen her durch eine Beobachtungsöffnung erhält man in den meisten Fällen einen guten Gesamteindruck. Vor allem ist auf diese einfache Weise der Einfluß von Veränderungen der Beleuchtungsanlage oder des Modells selbst gut zu erkennen und zu beurteilen.

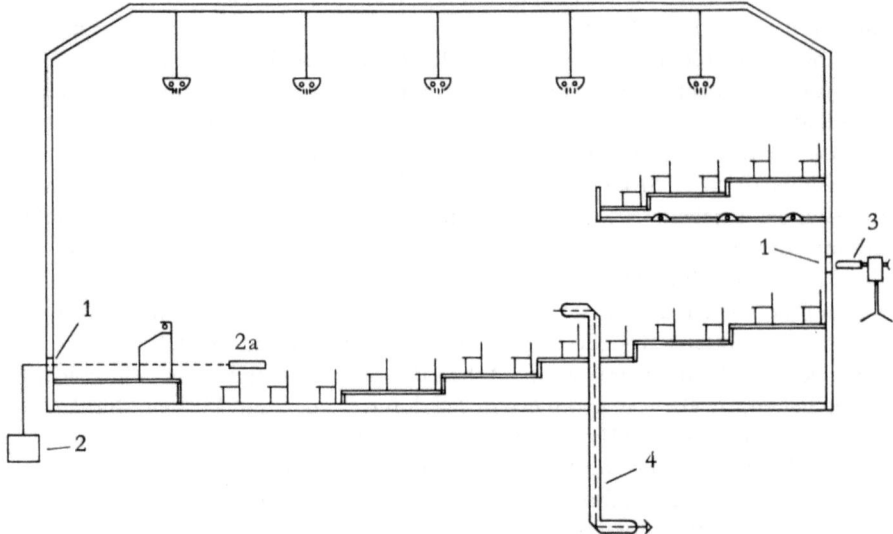

Bild 1 Beobachten und Messen an einem lichttechnischen Modell
1 Beobachtungsöffnung, 2 Beleuchtungsmesser, 2a Photoelement, 3 Leuchtdichtemesser, 4 Betrachtungsgerät

Einen wirklichkeitsnäheren Eindruck erhält man bei Beobachtung von innen her mit einem entsprechend vergrößernden Endoskop[3], das wie das Sehrohr eines Unterwasserfahrzeugs verwendet wird, Bild 1. Man glaubt dann, sich selbst innerhalb des Raumes zu befinden und kann das Modell von einer bestimmten Stelle aus durch Drehen des Sehrohres nach allen Seiten betrachten.
Baut man zwei derartige Geräte mit den Objektiven im maßstäblich verkleinerten Augenabstand zusammen, so kann man wie mit einem Scherenfernrohr mit beiden Augen gleichzeitig beobachten und so einen wesentlich besseren räumlichen Eindruck gewinnen.

[3] Hersteller z. B. Sass und Wolf, Berlin SW 68, Ritterstraße 12.

Wie bei den ausgeführten Anlagen interessieren auch bei den Modellen im wesentlichen Beleuchtungstärken und Leuchtdichten. Hat das Modell Hauptabmessungen von 1 bis 2 m, so können zur Messung dieser beiden Größen handelsübliche Geräte verwendet werden. Insbesondere kann man elektrische Beleuchtungsmesser mit getrennten Photoelementen [14] üblicher Größe (40 bis 60 mm Durchmesser) benutzen, ohne befürchten zu müssen, daß wegen der Mittelung der Beleuchtungstärke über eine zu große Auffangfläche wesentliche Einzelheiten der Beleuchtungsverteilung verlorengehen. Man bringt das an einem Stab o. ä. befestigte Photoelement an die gewünschte Stelle im Modell, während das Anzeigeinstrument außerhalb bleibt und so bequem abgelesen werden kann.

Linien gleicher Beleuchtungstärke werden zweckmäßig so aufgenommen, daß man das Photoelement von einem bestimmten Punkt ausgehend auf einem Weg konstanter Beleuchtungstärke weiterbewegt und die einzelnen Punkte dieses Weges auf einem z. B. am Boden des Modells angebrachten Koordinatennetz festlegt. Man kann natürlich auch die Beleuchtungstärke an hinreichend vielen vorgegebenen Punkten messen und die Linien gleicher Beleuchtungstärke anschließend interpolierend zeichnen. Dieses ungenauere und bei Modellen mühevollere Verfahren wird bei Messungen an fertigen Anlagen bevorzugt, weil es dort im Gegensatz zu Modellen einfacher ist, das Meßgerät an vorher festgelegte Punkte zu bringen, als die Lage bei der Messung gefundener Punkte nachträglich zu bestimmen.

Bei Messungen der Leuchtdichte begnügt man sich, auch bei ausgeführten Anlagen, meist damit, diese Größe an wenigen, besonders wichtigen Punkten zu bestimmen, z. B. etwa die Stellen größter und kleinster Leuchtdichte festzustellen oder größere Leuchtdichteunterschiede dicht benachbarter Punkte zu ermitteln. Man beobachtet dazu am besten durch geeignet angebrachte Öffnungen, Bild 1, die bei Nichtgebrauch entsprechend zu verschließen sind, damit die geometrische und lichttechnische Ähnlichkeit des Modells möglichst wenig gestört wird. Das optische Abbildungssystem des Leuchtdichtemessers muß so beschaffen sein, daß bei der durch die Modellabmessungen bestimmten Meßentfernung höchstens etwa 1 cm² der Fläche erfaßt wird, deren Leuchtdichte bestimmt werden soll, damit auch Leuchtdichteunterschiede nahe benachbarter Stellen richtig erfaßt werden können. Meist wird man trotz des mit ihnen recht unbequemen Arbeitens visuelle Geräte, z. B. Universalphotometer mit Fernrohrvorsatz verwenden müssen, da einfache elektrische Leuchtdichtemesser mit Photoelementen viel zu große Öffnungswinkel besitzen und objektive Leuchtdichtemesser mit kleinem Öffnungswinkel selten zur Verfügung stehen. Solche Geräte müssen nämlich mit Photoelektronenvervielfachern ausgestattet werden und brauchen daher Spannungsquellen, an deren Konstanz sehr hohe Anforderungen gestellt werden. Die betriebsfertigen Geräte sind daher recht aufwendig und kostspielig.
Lichtbilder des Modells lassen sich am einfachsten auch durch eine der ohnehin für Leuchtdichtemessungen erforderlichen Beobachtungsöffnungen aufnehmen. Man kann ferner eine Kleinbildkamera in das Innere des Modells bringen und von dort aus Aufnahmen machen, wobei der Verschluß der Kamera z. B. mit einem langen Drahtauslöser von außen her betätigt wird. Schließlich lassen sich Lichtbilder auch mit Hilfe des oben erwähnten Betrachtungsgerätes herstellen.

Grundsätzlich ist zu Lichtbildaufnahmen an Modellen (und auch an fertigen Anlagen) das Folgende zu bemerken. Lichtbilder vermitteln in ihrer Perspektive nur dann einen wirklichkeitsnahen Eindruck, wenn die Gegenstände im Bild unter den gleichen Sehwinkeln erscheinen wie in der Wirklichkeit. Dies ist nach Bild 2 der Fall, wenn das Lichtbild aus einem Abstand s betrachtet wird, der bei Kontaktkopien gleich der Bildweite b bei der Aufnahme ist und der sich bei V-facher Vergrößerung des Negativs aus der Beziehung

$$\frac{a'}{b} = \frac{Va'}{s} \qquad (2)$$

zu

$$s = Vb \qquad (3)$$

d. h. gleich der mit der »Vergrößerung« V multiplizierten Bildweite ergibt.

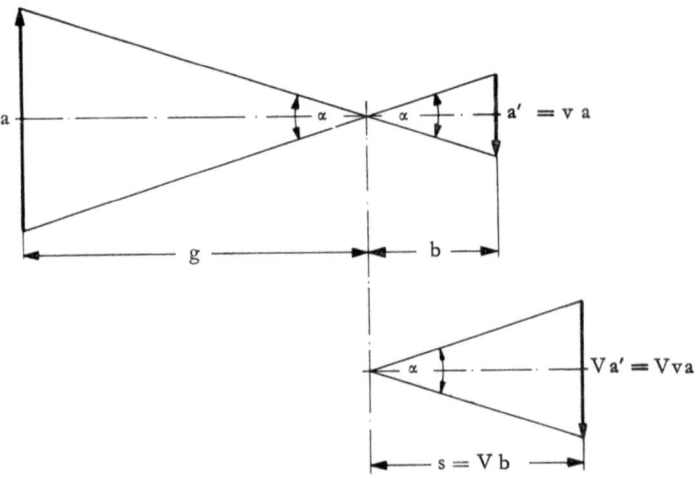

Bild 2   Geometrische Verhältnisse bei Lichtbildaufnahmen

Mit Hilfe der beiden, die geometrisch-optische Abbildung beschreibenden Beziehungen

$$\frac{a}{a'} = \frac{g}{b} \qquad (4)$$

und

$$\frac{1}{g} + \frac{1}{b} = \frac{1}{f} \qquad (5)$$

(a Gegenstandsgröße, a' Bildgröße, g Gegenstandsweite, b Bildweite, f Brennweite des Objektivs) läßt sich die Bildweite b in Gl. (3) durch die Brennweite f und den Abbildungsmaßstab (die »Verkleinerung«) bei der Aufnahme

$$v = \frac{a'}{a} \qquad (6)$$

ausdrücken. Aus den Gl. (4) und (6) folgt

$$g = b \frac{1}{v} \tag{7}$$

und damit aus Gl. (5)

$$\frac{1}{b}(v + 1) = \frac{1}{f} \tag{8}$$

Hieraus für b in Gl. (3) eingesetzt und nach f aufgelöst

$$f = \frac{s}{V(1 + v)} \tag{9}$$

Aufnahmen einigermaßen großer Räume sind fast immer stark verkleinert, d. h. es ist $v \ll 1$ und damit auch $V(1 + v) \approx V$.
Eine perspektivisch »richtige« Aufnahme erhält man unter dieser Voraussetzung somit dann, wenn man die »wirksame Brennweite« (wirkliche Brennweite mal Vergrößerung) bei der Aufnahme gleich dem Betrachtungsabstand des Bildes wählt.

Für Bilder in Zeitschriften usw. kann man s gleich der deutlichen Sehweite (etwa 25 bis 30 cm) setzen. Kleinbildaufnahmen (24 mm × 36 mm) mit f = 50 mm brauchen dann eine Vergrößerung von V = s/f = (25 cm bis 30 cm)/50 mm = 5 bis 6 und ein endgültiges Format von (5 bis 6) × (24 mm × 36 mm) ≈ 15 cm × 21 cm, d. h. das DIN-Format A 5.

Diese Beziehungen gelten natürlich auch für Aufnahmen an einem lichttechnischen Modell. Damit die von entsprechenden Standpunkten in Modell und Original aufgenommenen Bilder einander gleichen, muß die Verkleinerung bei der Modellaufnahme ein m-tel der der Originalaufnahme sein, da ja alle Längen im Modell auch nur ein m-tel der Originallängen sind (1/m = M Modellmaßstab). Es gilt also

$$f_m = \frac{s}{V_m(1 + v/m)} \tag{10}$$

(der Index m weist auf die bei der Modellaufnahme maßgebenden Größen hin). Kann auch v/m gegen 1 vernachlässigt werden, so stimmen die Gln. (9) und (10) überein, und es ergibt sich die einfache Regel, daß Aufnahmen mit der gleichen Kamera (gleiches Format) mit dem gleichen Objektiv (gleiche Brennweite) von entsprechenden Stellen in Modell und Original aus aufgenommen, bei gleicher Vergrößerung den gleichen Eindruck ergeben (vgl. Bilder 5 und 7).
Selbstverständlich kann man auch einander gleiche Bilder von Modell und Original aufnehmen, ohne die Bedingung gleicher Sehwinkel bei Lichtbild und Wirklichkeit zu erfüllen. Man hat dann nur eine in beiden Fällen um den gleichen Faktor k größere oder kleinere Brennweite zu nehmen, was einem um den gleichen Faktor vergrößerten oder verkleinerten Betrachtungsabstand des Lichtbildes entspricht. Von Innenaufnahmen aus Werbezeitschriften usw. ist wohlbekannt, wie sehr man den Eindruck, den ein Lichtbild eines Raumes – gleichgültig ob Modell oder Original – macht, durch die Wahl der Brennweite bei der

Aufnahme »günstig« beeinflussen, z. B. einen engen Raum breiter erscheinen lassen kann. Lichtbildaufnahmen von Modellen sind mithin nur dann als von wirklichem Wert anzusehen, wenn die oben angegebene Bedingung [Gl. (10)] bei der Aufnahme eingehalten wird. Dabei kommt es auf Abweichungen der Brennweite von einigen 10% nicht an, da das Auge bei solchen Abweichungen noch keine wesentlichen Unterschiede in der Perspektive bemerkt. Im übrigen gilt Beziehung Gl. (9) selbstverständlich für alle Arten von Aufnahmen, die in ihrer Perspektive wirklichkeitsgetreu sein sollen, also auch z. B. bei Landschafts- und Personenaufnahmen. Sie verlangt bei stark vergrößerten, aus der Nähe betrachteten Bildern, z. B. bei in Wohnräumen projizierten Farbdiapositiven, Aufnahmebrennweiten, die merklich kürzer sind, als die der Normalobjektive heutiger Kleinbildkameras.

Ungünstiger steht es mit der Wiedergabe der Helligkeitsverhältnisse bei Lichtbildaufnahmen. Unter günstigsten Umständen beträgt das Verhältnis der Leuchtdichten der vollkommen geschwärzten zu den weiß gebliebenen Stellen eines (glänzenden) Photopapiers [15] etwa 1 : 40, während man in Wirklichkeit bei Innenräumen mit Leuchtdichtegegensätzen von 1 : 200 und mehr zu rechnen hat. Leuchtdichteunterschiede sind daher auf Lichtbildern stets mehr oder weniger zusammengedrängt oder auf die eine oder andere Seite (ins Helle oder ins Dunkle) verschoben. Dies kann dazu führen, daß z. B. Einzelheiten in den Schatten trotz einer dort in Wirklichkeit ungenügenden Beleuchtung noch gut zu erkennen sind, und daß umgekehrt Einzelheiten heller Stellen, wie störende Ungleichmäßigkeiten auf Leuchtfeldern oder Schattenstreifen auf hellen Decken, unterdrückt werden. Insbesondere sind Lichtbilder nicht in der Lage, eine Blendwirkung, z. B. durch zu helle Lichtquellen, objektiv zu erfassen. Andererseits können aber auch Einzelheiten im Lichtbild viel stärker hervortreten als dies in Wirklichkeit der Fall ist.

Daraus folgt, daß die Gradation des Negativ- und Positiv-Materials, die Belichtungszeiten bei Aufnahme und Vergrößerung sowie Art des Entwicklers und Zeitdauer der Entwicklung so zu wählen sind, daß das fertige Lichtbild in seinem Gesamteindruck der Wirklichkeit (und nicht einem Wunschbild der Wirklichkeit!) möglichst nahe kommt. Leider kann man keine allgemein gültigen Vorschriften oder Regeln angeben, die eine optimale Wiedergabe der Beleuchtungsverhältnisse unter allen Umständen gewährleisten würden.

Unter diesen Umständen ist zu verstehen, daß gewissenhaft aufgenommene Lichtbilder von Modellen wohl ein recht brauchbares Mittel sein können, um außenstehenden Personen einen guten Eindruck von einem geplanten Raum und seiner Beleuchtung zu vermitteln. Sie können aber niemals die wirklichen Verhältnisse so getreu wiedergeben, daß z. B. verbindliche Entscheidungen, wie etwa Aussuchen des besten von mehreren im Modell untersuchten Vorschlägen, Feststellen der Notwendigkeit von Veränderungen usw. an Hand von Lichtbildern allein zu verantworten wären. Solche Entscheidungen sollten immer nur auf Grund von Meßergebnissen und auf Grund des Eindrucks gefällt werden, die das Modell bei unmittelbarer Betrachtung bietet.

5. Beispiele für ausgeführte Modellversuche

An Hand der folgenden Beispiele soll nunmehr gezeigt werden, bei welchen Aufgabenstellungen Modellversuche besonders zweckmäßig sind und welche Möglichkeiten diese dabei im einzelnen bieten.

5.1 Beleuchtung eines neu zu bauenden Festsaales

Ein für Tagungen und dgl. im festlichen Rahmen vorgesehener Saal[4] ohne Fenster (Länge 24 m, Breite 15,5 m, Höhe 7,5 m) sollte nach den vorliegenden Plänen eine ebene, glatte, weiße Decke ohne sichtbare Lampen oder Leuchten erhalten. Er sollte von den Seiten her beleuchtet werden, derart, daß eine entsprechende Anzahl quadratischer Felder (50 cm × 50 cm) der aus raumakustischen Gründen vorgesehenen kassettenförmigen Täfelung als Leuchtfelder ausgebildet wird.
Es war zu beurteilen, ob mit einer derartigen Anordnung eine mittlere Beleuchtungstärke von 400 Lux bei ausreichender Gleichmäßigkeit erreicht werden kann, ohne daß die aus belüftungstechnischen Gründen auf 15 kW im Saal beschränkte Lampenleistung überschritten wird, ob nicht Auftreten von Unbehaglichkeitsblendung oder anderen störenden Erscheinungen zu befürchten ist und vor allem, ob der Gesamteindruck des beleuchteten Saales den Vorstellungen des Architekten entsprechen würde.
Zunächst wurde nach dem in der Einleitung erwähnten Wirkungsgradverfahren abgeschätzt, wie viele Felder der Täfelung als Leuchtfelder ausgebildet werden müssen, welchen Lichtstrom sie abzugeben haben und wie groß ihre Leuchtdichte dabei werden würde. Damit der bei der gleichmäßigen Aufteilung gleich starker Leuchtfelder zu erwartende Abfall der Beleuchtungstärke an der vorderen Stirnseite (Bühnenseite) ausgeglichen wird, wurde vorgesehen, in Bühnennähe und unmittelbar an der Decke stärker leuchtende mit je zwei ringförmigen Leuchtstofflampen bestückte »Doppelfelder« und an den übrigen Stellen schwächere »Einfachfelder« mit nur je einer Leuchtstofflampe zu verwenden.
Sodann wurde versucht, die Verteilung der Horizontalbeleuchtungstärke auf der DIN-Bezugsebene 0,85 m über dem Boden (s. Vorwort) rechnerisch angenähert zu ermitteln. Dabei wurden die Leuchtfeldreihen durch ununterbrochene Streifen entsprechend herabgesetzter Leuchtdichte ersetzt und nur der direkte Lichtanteil sowie das einmal an der Decke reflektierte Licht berücksichtigt. Es ergab sich die in Bild 4 gestrichelt eingezeichnete Verteilung der Beleuchtungstärke mit

[4] Siehe Fußnote S. 7.

einer Ungleichförmigkeit $E_{min}/E_{mittel} = 1 : 1,25$ (nach DIN 5035, Juli 1953, zulässig 1 : 1,5).

Die Ergebnisse der Abschätzung ließen erwarten, daß die geplante Beleuchtung den Wünschen entsprechen würde. Es erschien daher gerechtfertigt, nunmehr ein Modell anzufertigen und die Beleuchtungsverhältnisse an diesem in allen Einzelheiten zu untersuchen. Das Modell war hier verhältnismäßig einfach zu bauen. Der gewählte Maßstab $M = 1 : 10 = 0,1$ ergab eine gerade noch handliche größte Modellabmessung von 2,4 m. Der Werkstoff des Modells (helles

Bild 3   Beleuchtung des Modells in Beispiel 1 von außen mit Leuchtstofflampen in einem Lichtkasten

Limba-Sperrholz) hatte ohne zusätzlichen Anstrich usw. bereits etwa den gleichen Reflexionsgrad, wie das für die wirkliche Täfelung vorgesehene Holz. Auf die abnehmbare Decke des Modells wurde der gleiche Putz aufgetragen, der später auch im Saal verwendet werden sollte. Einigen Aufwand verursachte lediglich die naturgetreue Nachbildung der kassettenförmigen Wandtäfelung.

Für die Leuchtflächen wurden Öffnungen in die Sperrholzwände des Modells gesägt, mit einer Lage (Doppelfelder) oder zwei Lagen (Einfachfelder) durchscheinenden Papiers bedeckt und von außen mit Leuchtstofflampen in einem Lichtkasten aus Aluminiumblech so beleuchtet, daß die Modelleuchtflächen mit der gleichen Leuchtdichte strahlten, wie sie für die wirklichen Leuchtfelder vorzusehen war, Bild 3. Es wurde also mit n = 1 gearbeitet (s. Anhang, Gl. 15). Die Beleuchtungstärken und damit auch die Leuchtdichten der nicht selbstleuchtenden Flächen sollten mithin in Modell und Original übereinstimmen.

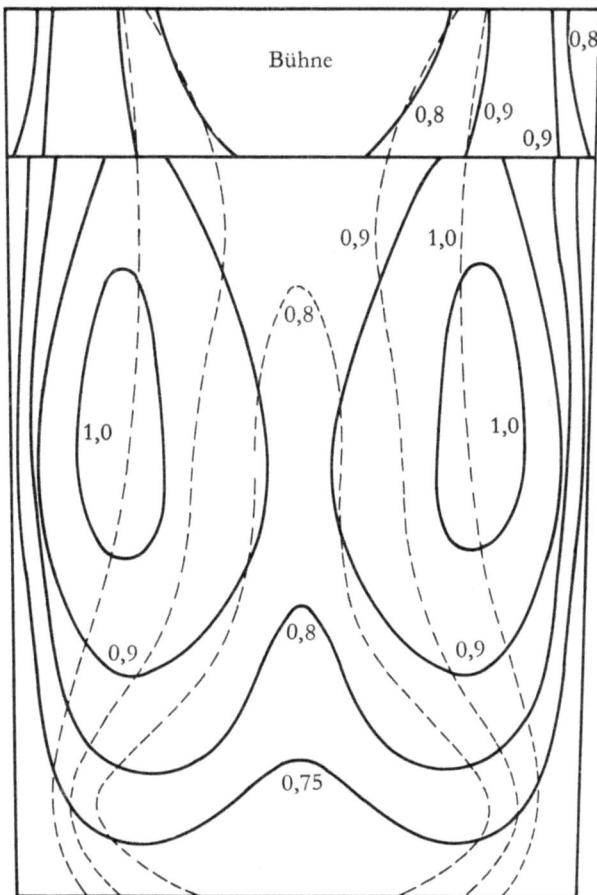

Bild 4   Linien gleicher relativer Horizontalbeleuchtungstärke im Modell für Beispiel 1
– – – – berechnet (mittlere Beleuchtungstärke 405 lx)
——— gemessen (mittlere Beleuchtungstärke 360 lx)

Über die eigentliche Inneneinrichtung, insbesondere die Bestuhlung, konnten zur Zeit der Erstellung des Modells noch keine näheren Angaben gemacht werden. Es war lediglich vorgesehen, die Sessel in einer hellen Farbe zu halten. Von einer Nachbildung der Bestuhlung im Modell mußte daher abgesehen werden. Es wurde angenommen, daß sie die Beleuchtungsverhältnisse im Vergleich zu denen des Raumes ohne Bestuhlung nicht wesentlich verändern würde.

Am Modell wurden die Horizontalbeleuchtungstärken an verschiedenen Stellen gemessen und Linien gleicher Beleuchtungstärke aufgenommen, Bild 4.

Ferner wurden die größten, im Blickfeld eines Beobachters auftretenden Leuchtdichtegegensätze bestimmt (Tafel 1).

Tafel 1   Größte Leuchtdichtegegensätze in Beispiel 1

Stelle	Saal	Modell
Seitenwand Blick auf ein Einfachleuchtfeld	1 : 20	1 : 33
Seitenwand, Blick auf ein Doppelleuchtfeld	1 : 30	1 : 43
Blick aus dem Zuschauerraum gegen die Bühne	1 : 18	1 : 19
Unter dem Balkon	1 : 45	1 : 50

Schließlich wurde eine Reihe von Lichtbildern hergestellt, von denen in Bild 5 ein besonders kennzeichnendes wiedergegeben ist.

Die Betrachtung des Modells sowohl unmittelbar durch eine der für die Leuchtdichtemessungen vorgesehenen Öffnungen, als auch mit dem in Abschnitt 4 erwähnten Betrachtungsgerät ergab einen befriedigenden Gesamteindruck. Bei

Bild 5   Lichtbild des Modells für Beispiel 1

dem ursprünglich vorgesehenen sehr glatten Verputz der Decke traten allerdings in der Nähe der oberen Leuchtfeldreihe starke Glanzstreifen auf, die z. B. auch in Bild 3, das noch mit dem glatten Verputz aufgenommen wurde, deutlich zu sehen sind. Nach einigen Versuchen konnte ohne großen Kostenaufwand ein Rauhputz gefunden werden, bei dem keine Streifen mehr zu sehen waren (Bilder 5 und 7).

Während der Saal bereits gebaut wurde und die Modellversuche schon abgeschlossen waren, erwies es sich als notwendig, auch die vordere Stirnwand, die ursprünglich glatt sein sollte, mit einer Kassetten-Täfelung wie bei den Längswänden zu versehen. Eine Wiederholung der Messungen an dem entsprechend ergänzten Modell zeigte, daß eine wesentliche Änderung der Beleuchtungsverhältnisse nicht zu befürchten war, obzwar sie zunächst, insbesondere auf der Bühne, nicht ausgeschlossen schien.

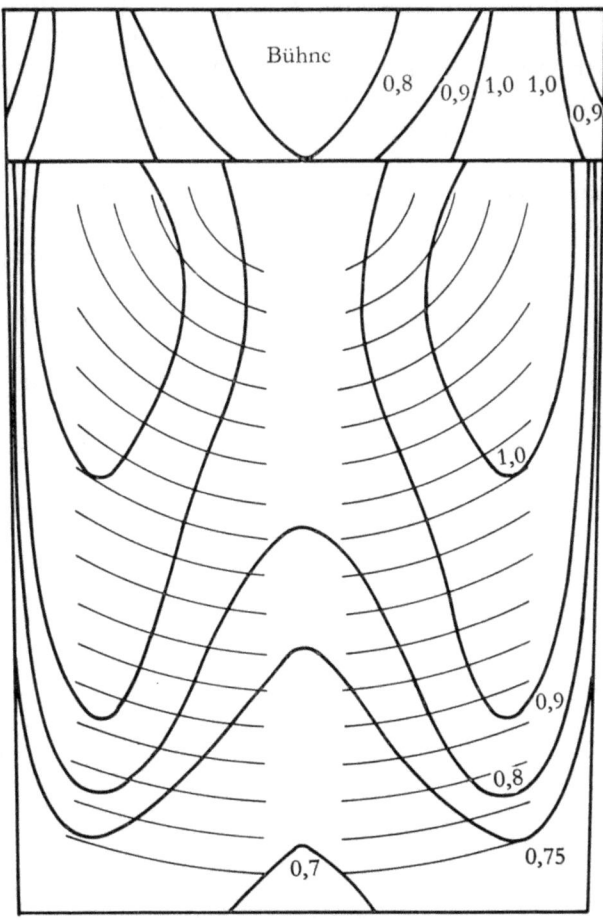

Bild 6 Linien gleicher relativer Horizontalbeleuchtungstärke im Saal von Beispiel 1 (gemessen, mittlere Beleuchtungstärke 360 lx)

Um Anhaltspunkte für die Zuverlässigkeit des Modells zu erhalten, wurden die Beleuchtungstärken und Leuchtdichtegegensätze nach Fertigstellung des Gebäudes auch im Original gemessen und die den Lichtbildern des Modells entsprechenden photographischen Aufnahmen gemacht (Bilder 6 und 7, Tafel 1).

Ein Vergleich der Ergebnisse zeigt zunächst, daß die berechnete Verteilung der Beleuchtung von der an Modell und Original gemessenen doch recht erheblich abweicht. Insbesondere wird der an den Seitenwänden beobachtete starke Abfall der Beleuchtungstärke durch die Rechnung nicht erfaßt. Die Ursachen hierfür sind in den die wirklichen Verhältnisse nur unvollkommen wiedergebenden vereinfachenden Annahmen (Lichtbänder anstatt einzelner Lichtfelder, nur direktes und einmal an der Decke reflektiertes Licht berücksichtigt) zu suchen, die aber notwendig waren, um eine Rechnung mit einigermaßen erträglichem Aufwand überhaupt zu ermöglichen.

Hingegen ist die Übereinstimmung der Meßergebnisse beim Modell und beim Original als ausnahmsweise gut zu bezeichnen. Für die mittlere Beleuchtungstärke ergab sich in beiden Fällen der gleiche Wert von 360 Lux und die Ungleichförmigkeiten (Modell 1 : 1,5, Original 1 : 1,6) sind kaum verschieden. Auch die Beleuchtungsverteilungen unterscheiden sich nicht sehr voneinander (Bilder 4 und 6).

Die Abweichungen bei der Beleuchtungsverteilung dürften darauf zurückzuführen sein, daß die lichttechnische Ähnlichkeit von Modell und Original nicht vollständig zu verwirklichen war. Abgesehen davon, daß die Bestuhlung nicht hell, wie ursprünglich vorgesehen, sondern recht dunkel ausgeführt wurde und im Modell nicht nachgebildet worden war, hatte die Decke im Saale einen etwas niedrigeren Reflexionsgrad als im Modell und die Leuchtfelder im Saal wichen in ihrer Lichtverteilung nicht unerheblich von denen im Modell ab, Bild 8. Die Verlagerung der Beleuchtungstärkehöchstwerte zur Bühne hin wird offensichtlich dadurch hervorgerufen, daß die Täfelung der Bühnenstirnwand in einem helleren

Bild 7   Lichtbild des Saales von Beispiel 1

Holz ausgeführt wurde, als dem ursprünglich vorgesehenen und im Modell verwendeten.

Bei der Beurteilung der Abweichungen ist auch zu berücksichtigen, daß bei technischen Lichtmessungen mit Meßunsicherheiten von etwa ± 10% gerechnet werden muß. Unter diesem Gesichtspunkt ist die verblüffend gute Übereinstimmung der mittleren Beleuchtungsstärken in Modell und Original wohl nur als günstiger Zufall zu werten.

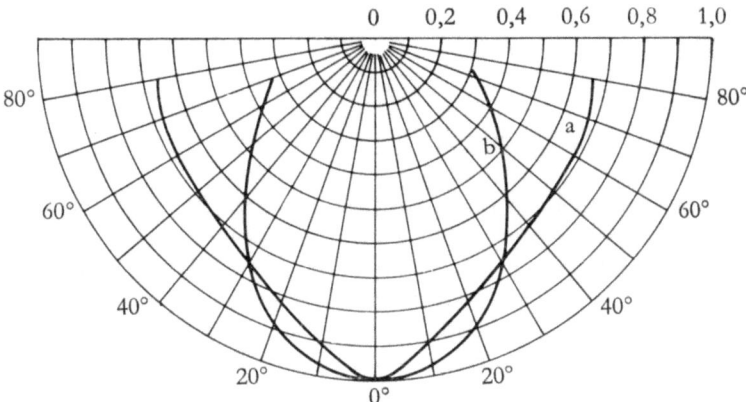

Bild 8 Leuchtdichtekennlinien der Leuchtfelder in Beispiel 1
a im Modell, b im Original

Meßunsicherheiten von ± 10% sind zwar wesentlich größer als man dies bei technischen Messungen sonst erwartet, sie können hier aber durchaus in Kauf genommen werden. Das menschliche Auge kann nämlich Helligkeitsunterschiede dieser Größenordnung nur unter (für diesen Fall) besonders günstigen Umständen wahrnehmen, z. B. dann, wenn sie räumlich unmittelbar benachbart sind oder kurzzeitig aufeinanderfolgen.

Der in diesem Beispiel besprochene Fall war für die Untersuchung an Hand eines Modells besonders gut geeignet, da es sich um einen einfach gegliederten Raum handelte, der mit flächenförmigen Lichtquellen zu beleuchten war, also ein verhältnismäßig leicht anzufertigendes Modell ergab. Darüber hinaus war von vornherein während des Baues mit gewissen Ergänzungen und Änderungen zu rechnen, deren Einflüsse auf die Beleuchtung am zweckmäßigsten, d. h. rasch, sicher und ohne große Mehrkosten an einem Modell zu beurteilen waren. Nähere Einzelheiten über die Anlage wurden bereits an anderer Stelle veröffentlicht [16].

Als gutes Beispiel für die Vorteile von Modelluntersuchungen kann hier auch das rechtzeitige Entdecken der obenerwähnten Glanzstreifen an der Decke angesehen werden, deren unerwartetes Auftreten auf andere Weise, z. B. rechnerisch, kaum vorherzusagen gewesen wäre. Es führte zur Wahl eines anderen als des ursprünglich vorgesehenen Deckenputzes, ohne daß es nötig gewesen wäre, mit hohen Kosten einen bereits aufgebrachten Putz wieder zu entfernen und durch einen geeigneteren zu ersetzen.

Der Vergleich der Meßergebnisse von Modell und Original weist im übrigen darauf hin, daß an die lichttechnische Ähnlichkeit sehr hohe Anforderungen zu stellen sind, wenn eine befriedigende Übereinstimmung, vor allem bei der Beleuchtungsverteilung, erreicht werden soll. Insbesondere ist zu beachten, daß auch bei anscheinend sehr gut streuenden Flächenlichtquellen die Leuchtdichte stark vom Ausstrahlungswinkel abhängen kann und keineswegs bis zu größeren Winkeln als konstant angesehen werden darf. Auch Fußbodenbelag und Einrichtung (Bestuhlung) haben einen nicht zu unterschätzenden Einfluß. Sie sollten daher beide in lichttechnischen Modellen entsprechend nachgebildet werden. Zum mindesten sollte man dem Boden eines Modells einen Reflexionsgrad geben, der gleich dem pauschalen Reflexionsgrad von Fußboden mit Bestuhlung usw. des Originals ist.

5.2 Planung der Beleuchtung für einen Saalumbau

Der Umbauplan für einen vorhandenen Saal mit etwa 500 Plätzen sah auch eine neue Beleuchtungsanlage vor, die für eine gleichmäßige Beleuchtung aller Plätze mit 400–500 Lux auszulegen war. Die mit bequemen Schreib- und Lesegelegenheiten auszustattenden Plätze sollten auf einem gegen die Saalwände leicht ansteigenden Fußboden hufeisenförmig angeordnet werden. Dabei waren die den Saal auf drei Seiten umgebenden Galerien beizubehalten. Es ergab sich also ein recht stark gegliederter Raum. Seine mittlere Höhe beträgt etwa 6,5 m. Im Verhältnis zu seiner Bodenfläche von 25 m × 33 m ist er also recht niedrig.
Bild 9 zeigt eine maßstäbliche Skizze des geplanten Umbaues und Bild 10 ein am Modell aufgenommenes Lichtbild.
Um eine hinreichend gleichmäßige Beleuchtung auf allen Plätzen sicherzustellen, wären wegen der geringen Deckenhöhe sehr viele, verhältnismäßig schwache Lichtquellen erforderlich. Abgesehen davon, daß bei einer solchen Anordnung

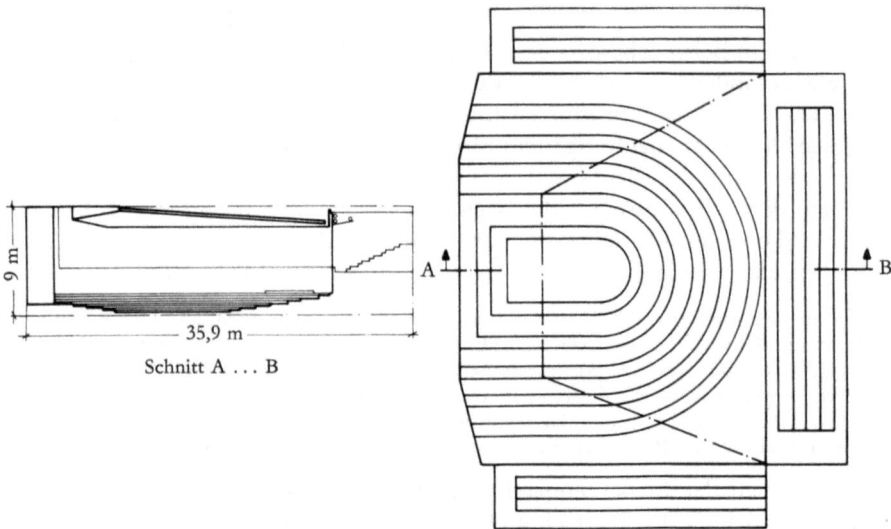

Bild 9   Planskizze des Saales von Beispiel 2

mit Recht ein zu unruhiger Gesamteindruck zu befürchten war, sollte die Decke aus raumakustischen Gründen schallhart und glatt sein, d. h. möglichst keine Öffnungen haben oder Leuchten tragen. Der Plan des Architekten sah deshalb vor, einen Teil der Decke als trapezförmige, schwach geneigte Leuchtfläche auszuführen. Sie sollte aus dreieckigen Leuchtfeldern (gleichschenklige Dreiecke, Seitenlänge 1,3 und 1,4 m) in einem steifen Leichtmetall-Gitterwerk zusammengesetzt werden. Die Stege des Gitterwerkes sollten so schmal sein, daß der Eindruck einer ungeteilten Fläche entsteht.

Bild 10   Lichtbild des Modells für Beispiel 2

Wie beim ersten Beispiel ergab eine rechnerische Abschätzung, daß der Vorschlag des Architekten gestatten würde, das geforderte mittlere Beleuchtungsniveau aufzubringen, ohne daß die Leuchtdecke eine unzulässig hohe (blendende) Leuchtdichte erhalten müßte.
Untersuchungen an einem lichttechnischen Modell wurden hier vor allem durchgeführt

a) um die Abschätzung des Beleuchtungsniveaus zu überprüfen, die wegen der relativ geringen Raumhöhe und des infolgedessen sehr großen Einflusses der Reflexion des Fußbodens hier recht unsicher ist,

b) um festzustellen, ob die Beleuchtung ausreichend gleichmäßig ist, insbesondere ob die nicht unmittelbar unter der Leuchtdecke liegenden Plätze ausreichend Licht erhalten, und

c) um Maßnahmen zur zusätzlichen Aufhellung der nicht als Leuchtfeld ausgebildeten Teile der Decke zu erproben, die notwendig schienen, damit der Helligkeitsgegensatz zwischen ihnen und dem Leuchtfeld nicht zu groß wird.

Das Modell war wegen der starken Gliederung des Raumes etwas schwieriger herzustellen als das im ersten Beispiel. Es wurde aus Sperrholzplatten aufgebaut, und zwar vollständig zerlegbar, da gewünscht worden war, gegebenenfalls später auch leicht den Einfluß verschiedener Decken- und Wandverkleidungen auf die Beleuchtung zu untersuchen. Mit dem Maßstab m = 1 : 20 = 0,05 ergaben sich Hauptabmessungen des Modells zu 1,25 m × 1,65 m × 0,35 m. Die Leuchtdecke des Modells bestand aus einer einzigen, entsprechend großen durchscheinenden Kunststoffplatte mit der gleichen Leuchtdichteindikatrix, wie der des für das Original vorgesehenen lichtstreuenden Sicherheitsglases. Die sichtbaren Rippenstege des Tragwerks wurden als entsprechend breite Streifen aus Zeichenpapier auf die Kunststoffplatte aufgeklebt und ergaben das z. B. in Bild 10 erkennbare Muster. Das Leuchtfeld selbst wurde im Modell von oben her mit Reflektorglühlampen beleuchtet, Bild 11.

Bild 11   Beleuchtung der Leuchtdecke des Modells für Beispiel 2 mit Reflektorglühlampen

Im Original war eine entsprechende Anzahl von (Hochspannungs-)Leuchtstofflampen etwa 1 m oberhalb der Leuchtdecke als Lichtquellen vorgesehen, die in mehreren parallelen Reihen angeordnet werden sollten.

Da zu erwarten war, daß die Saalecken bei der vorgesehenen Anordnung von einem gleichmäßig hellen Leuchtfeld zu wenig Licht erhalten würden, sollte die Leuchtdichte des Leuchtfeldes von vornherein gegen seine Ränder hin so stark gesteigert werden, als dies mit Rücksicht auf einen gleichmäßigen Helligkeitseindruck möglich schien. Bei allmählichem Übergang, der im Modell durch Bekleben der Kunststoffplatte mit mehreren entsprechend ausgeschnittenen

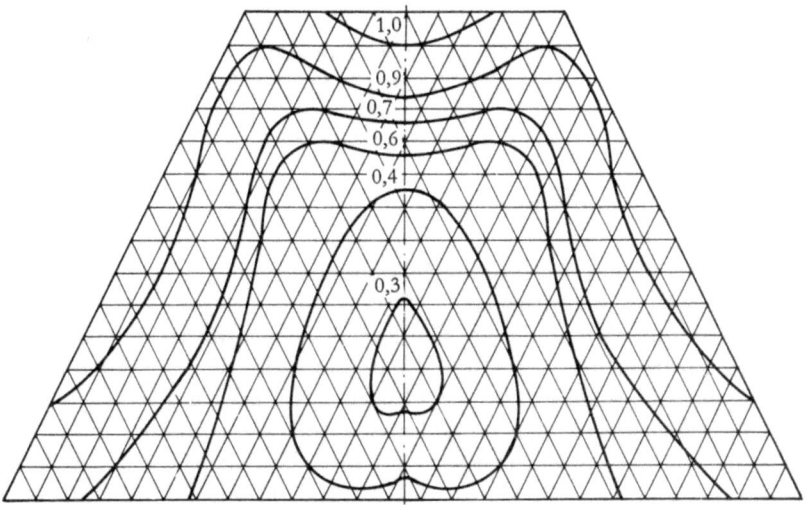

Bild 12   Relative Leuchtdichteverteilung auf der Leuchtdecke des Modells für Beispiel 2
(senkrecht zur Leuchtdecke gemessen, mittlere Leuchtdichte 340 cd/m²)

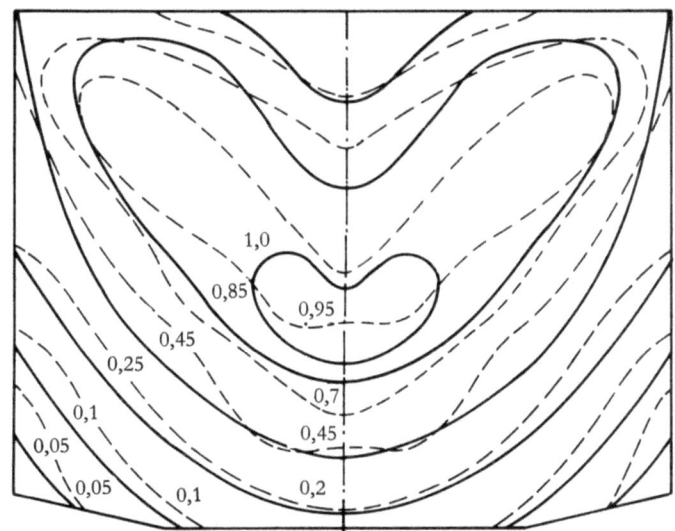

Bild 13   Linien gleicher relativer Horizontalbeleuchtungstärke im Modell für Beispiel 2
Nichtleuchtende Deckenteile dunkel
– – – –   Boden hell (mittlere Beleuchtungstärke 460 lx)
———— Boden schwarz (mittlere Beleuchtungstärke 380 lx)

Transparentpapierblättern angenähert wurde (im Original war eine entsprechend engere, dichtere Anordnung der Leuchtstofflampen gegen den Rand hin vorgesehen), wurde eine Steigerung der Leuchtdichte am Rand auf etwa das 3fache ihres Wertes in der Mitte als noch tragbar festgestellt. Bild 12 zeigt die am Modell gemessene Leuchtdichteverteilung auf dem Leuchtfeld bei senkrechter Blickrichtung.

Der Fußboden des Modells blieb einmal ohne Belag. Er hatte dann den Reflexionsgrad des Sperrholzes ($\varrho \approx 0{,}38$). Das andere Mal wurde er mit schwarzem Papier beklebt ($\varrho \approx 0{,}04$), um den Einfluß des Bodenreflexionsgrades in einem Extremfall besonders deutlich zu machen.

Die Aufnahme der Verteilung der Horizontalbeleuchtungstärke 5 cm über dem Boden, entsprechend 1 m über dem Boden des Originals, ergab den erwarteten Abfall der Beleuchtungstärke in den Ecken des Saales, Bild 13. Unter den in Wirklichkeit zu erwartenden Verhältnissen (dunkler Fußbodenbelag, dunkle Einrichtung, dunkel gekleidete Personen) wird die Beleuchtungsverteilung zwischen der für den Boden ohne Belag und der für den Boden mit schwarzem Papier liegen, und zwar vermutlich näher an der für den schwarzen Boden.

Die Leuchtdichte der Decke mußte wegen der geringen Höhe über einen Umlenkspiegel gemessen werden. Bei hellem Boden (Boden ohne Belag) ergab sich ein Leuchtdichtegegensatz von etwa 1:20 zwischen dem Leuchtfeld und dem nicht beleuchteten Teil der Decke, der noch als erträglich anzusehen ist [17]. Bei schwarzem Fußboden hingegen stieg dieser Gegensatz auf nahezu 1:200, war also viel zu groß.

Da eine recht schwache Reflexion am Fußboden zu erwarten ist (siehe oben), müssen die nicht selbstleuchtenden Teile der Decke zusätzlich aufgehellt werden, derart, daß der Leuchtdichtegegensatz am Leuchtfeldrand unter etwa 1:20 bleibt. Da ein Anstrahlen von unten oder von der Seite her wegen der besonderen

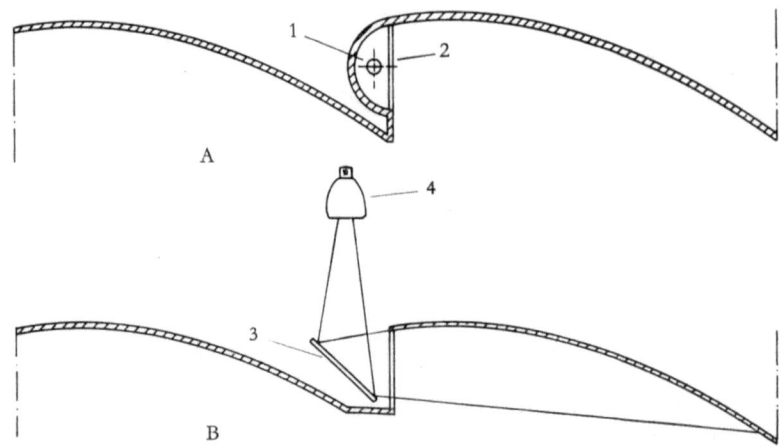

Bild 14 Aufhellung der nichtleuchtenden Deckenteile in Beispiel 2
A Vorschlag für den Saal, B Nachbildung im Modell
1 Leuchtstofflampe, 2 Streuscheibe, 3 Spiegelstreifen, 4 Reflektorglühlampe

Raumverhältnisse und insbesondere auch wegen der Größe der aufzuhellenden Deckenteile nicht möglich war, sollten diese Deckenteile in stufenförmig angeordnete Abschnitte unterteilt und mit in den Stufen verdeckt angeordneten Leuchtstofflampen, d. h. aus Hohlkehlen, beleuchtet werden. Die Teilflächen selbst wurden so gekrümmt, daß sie überall die gleiche Beleuchtungstärke erhielten. Bei einigermaßen guter Streuung ihres Anstrichs oder Verputzes sollten sie dann, wie gewünscht, von überall her gleich hell erscheinen. Diese gekrümmten

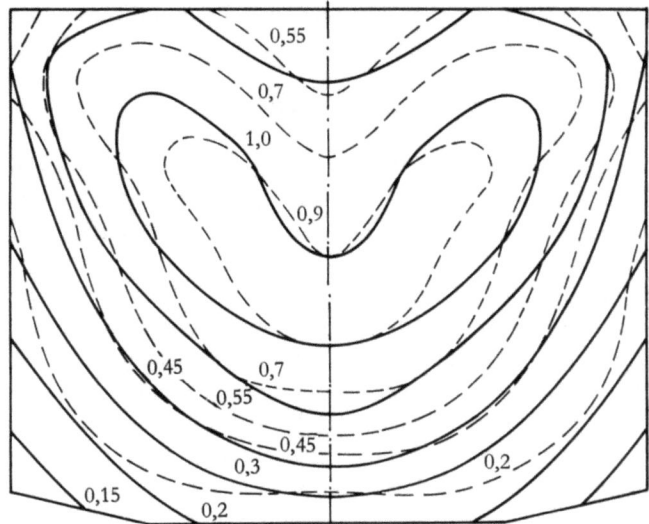

Bild 15 Linien gleicher relativer Horizontalbeleuchtungstärke im Modell für Beispiel 2
Nichtleuchtende Deckenteile zusätzlich aufgehellt
- - - - Boden hell (mittlere Beleuchtungstärke 500 lx)
──── Boden dunkel (mittlere Beleuchtungstärke 415 lx)

Teilflächen wurden im Modell mit entsprechend gebogenen, mattweiß gestrichenen Aluminiumblechstreifen nachgebildet und durch die entstehenden Schlitze von oben her über Spiegelstreifen beleuchtet, Bild 14. Die für einen Leuchtdichtegegensatz am Leuchtfeldrand von höchstens 1 : 20 erforderliche Aufhellung der nicht selbstleuchtenden Deckenteile auf eine Leuchtdichte von etwa 25 cd/m² ließ im übrigen auch eine Verbesserung der Beleuchtung in den Saalecken erwarten.

Die Messung der Verteilung der Horizontalbeleuchtungstärke ergab in der Tat eine beträchtliche Aufhellung in den Ecken des Saales, Bild 15. Die bei »sehr hohen« Ansprüchen nach DIN 5035 geforderte Gleichförmigkeit der Beleuchtungstärke von $E_{min}/E_{mittel} = 1 : 1,5$ wurde, insbesondere bei dunklem Boden, allerdings auch jetzt noch nicht erreicht.

Weitere Untersuchungen, vor allem genauere Bestimmungen der verschiedenen Leuchtdichtegegensätze wurden nicht mehr durchgeführt, weil die Planung des Umbaues – aus nicht mit den vorläufigen Ergebnissen der lichttechnischen Unter-

suchungen zusammenhängenden Gründen – eingestellt wurde. Ein Vergleich der Meßwerte von Modell und Original war daher hier leider nicht möglich.
Die Verwendung eines Modells erwies sich hier trotz seiner Kompliziertheit als sehr zweckmäßig. Die ursprünglich gestellte Frage nach der Verteilung der Horizontalbeleuchtungstärke konnte sicher beantwortet werden, und der Architekt erhielt einen zuverlässigen Gesamteindruck von der Wirkung der vorgesehenen Beleuchtung. Darüber hinaus war es ohne großen zusätzlichen Aufwand möglich, die Auswirkung weiterer Vorschläge, z. B. für die Aufhellung der nicht selbstleuchtenden Deckenteile, anschaulich zu zeigen und messend zu verfolgen.

5.3 Beleuchtungsanlage für »heiße Zellen«

Sogenannte heiße Zellen, d. h. Räume in Laboratorien zur Verarbeitung stark radioaktiver Substanzen, insbesondere zur Aufbereitung gebrauchter Reaktor-Spaltstoffe, stellen vom Herkömmlichen beträchtlich abweichende Anforderungen an die Beleuchtung.
Die Räume dürfen, während sich die radioaktiven Substanzen in ihnen befinden, nicht betreten werden. Man muß alle Handgriffe von außen her, z. B. mit an Gelenkmechanismen, sogenannten Manipulatoren, befestigten Werkzeugen vornehmen und kann nur durch vor der Strahlung schützende Fenster aus Sonderglas beobachten, die wegen der erforderlichen Dicke (bis zu z. B. 1,1 m) beträchtliche Lichtverluste hervorrufen. Im Inneren braucht man mithin ein sehr hohes Beleuchtungsniveau, damit man durch die Strahlenschutzfenster noch ausreichend sehen kann. Im allgemeinen wird eine mittlere Horizontalbeleuchtungstärke von 5000 bis 10 000 Lux erforderlich sein. Ferner soll die Beleuchtung sehr gleichmäßig und nahezu schattenlos sein, damit das Arbeiten mit den Manipulatoren nicht zusätzlich durch störende Schattenbildung erschwert wird. Neben der Horizontalbeleuchtungstärke kommt es auf eine genügend starke Vertikalbeleuchtungstärke an, und auch die Beleuchtungstärke in gegen die waagerechte (z. B. unter 25°) geneigten Ebenen ist von Wichtigkeit. Weiter soll das Licht nur aus wenigen Spektrallinien zusammengesetzt sein, damit die Dispersion der dicken Gläser nicht störende farbige Säume um die beobachteten Gegenstände hervorruft. Schließlich macht die Abfuhr der Wärme von den Lichtquellen aus dem vollkommen abgeschlossenen Raum gewisse Schwierigkeiten, und es sind besondere Maßnahmen zu treffen, um die Lampen auswechseln zu können, ohne den Raum zu betreten.
Bewährt hat sich die Anordnung einer entsprechend großen Anzahl von Quecksilberdampf-Reflektorlampen in Ausnehmungen der Decke, die eine Kühlung und ein Auswechseln der Lampen von außen gestatten. Diese Ausnehmungen sind dabei gegen das Zelleninnere hin mit (gegebenenfalls gekühlten) Glasscheiben abgeschlossen. Eine Bekleidung der Wände mit mattweißer Kunststoffolie sorgt für die erforderliche Streuung des Lichtes.
In einem konkreten Fall lag die Aufgabe vor, für eine solche Anlage die günstigste Anordnung der Lichtquellen zu finden und die Verteilung der Horizontalbe-

leuchtungstärke, der Vertikalbeleuchtungstärke und der Beleuchtungstärke in einer Ebene 1 m über dem Boden zu bestimmen. Die Zelle (Länge 7,2 m, Breite 3,0 m, Höhe 4,35 m) hatte außer drei Beobachtungsfenstern oben eine durchlaufende Nische in Längsrichtung für die Fahrbahn einer Laufkatze und in der Mitte unten eine weitere Nische für die Einstiegsöffnung, Bild 16.

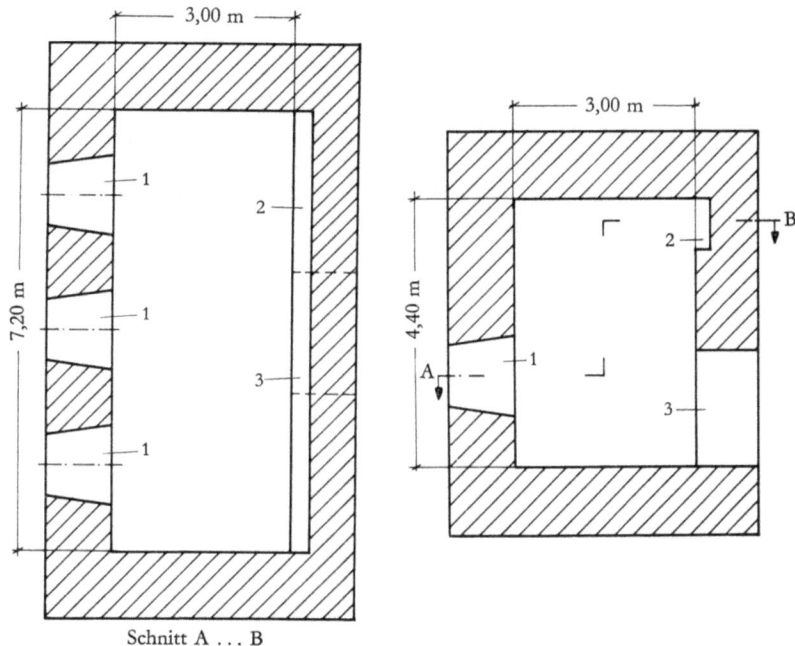

Bild 16   Planskizze einer heißen Zelle nach Beispiel 3
1 Beobachtungsfenster, 2 Nische für Kranfahrbahn, 3 Nische für Einstiegsöffnung

Ein Modell für diesen einfach gegliederten Raum war leicht zu erstellen. Es bestand im wesentlichen aus einer Art Sperrholztruhe mit abnehmbarem Deckel, deren Innenwände mit der auch für das Original vorgesehenen Folie beklebt waren und in deren Vorderwand rechteckige Öffnungen die Beobachtungsfenster nachbildeten. Der Maßstab wurde M = 1 : 5 = 0,2 gewählt, damit die Modellabmessungen (1,44 m × 0,6 m × 0,87 m) ein Messen mit einem normalen Beleuchtungsmesser gestatteten. Die vorgesehenen 15 Stück Quecksilberdampf-Reflektorlampen wurden im Modell durch Glühlampen nachgebildet, die so über kreisrunden Öffnungen in der Decke des Modells gehängt wurden, daß sich eine den Quecksilberdampflampen möglichst ähnliche Lichtverteilungskurve ergab, Bild 17. Die Quecksilberdampflampen (Typ HQL 400 R) haben einen Lichtstrom von je 19 000 Lumen. Bei einem Durchlaßgrad der Abschlußscheiben von 0,8 strahlt also jede Lampe den Lichtstrom $\Phi = 0{,}8 \cdot 19\,000\,\text{lm} = 15\,200\,\text{lm}$ in die Zelle.

Der durch Integration der Lichtstärkeverteilung bestimmte Lichtstrom der Ersatzlichtquellen betrug $\Phi' = 370$ lm. Hieraus ergibt sich nach Gl. (1), S. 10

$$\frac{E'}{E} = \frac{\Phi'}{M^2 \Phi} = \frac{370 \text{ lm}}{0{,}2^2 \cdot 15\,200 \text{ lm}} = \frac{1}{1{,}6}$$

Die im Modell gemessenen Beleuchtungstärken sind also mit 1,6 zu multiplizieren, um die im Original zu erhalten.

Die erforderlichen 15 Lampen wurden zunächst symmetrisch angeordnet, Bild 18. In einer Ebene 20 cm über dem Modellboden, entsprechend 1 m über dem Boden des Originals, ergaben sich die in Bild 19 dargestellten Linien gleicher Beleuchtungstärke. Es zeigte sich, daß insbesondere die Vertikalbeleuchtungstärke in der Nähe der Beobachtungsöffnungen stärker abfällt, weil dort Licht nach außen tritt und die Reflexion der weißen Wand fehlt.

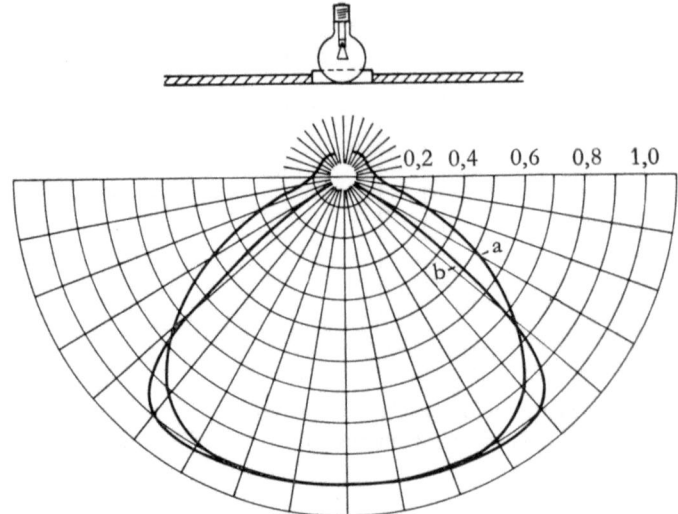

Bild 17   Nachbildung der Lichtverteilung einer Quecksilberdampf-Reflektorlampe durch eine Glühlampe mit Lochblende im Modell für Beispiel 3
a Lichtverteilung der Reflektorlampe, b Lichtverteilung der Glühlampe mit Blende

Ein Verschieben der Lampen gegen die Fenster hin, Bild 18, brachte eine merkliche Verbesserung der Gleichmäßigkeit. Die hier gefundenen Linien gleicher Beleuchtungstärke, Bild 20, zeigen, daß nunmehr eine sehr gleichmäßige Verteilung der Beleuchtungstärke erreicht wird.

Der Vorteil des Modellverfahrens war im vorliegenden Fall wohl darin zu sehen, daß eine hier vielleicht auch einer einigermaßen zuverlässigen Berechnung zugängliche lichttechnische Größe (Horizontalbeleuchtungstärke, Vertikalbeleuchtungstärke und Beleuchtungstärke unter 25°) mit geringem Aufwand an Kosten und Zeit auf einfache Weise gemessen werden konnte.

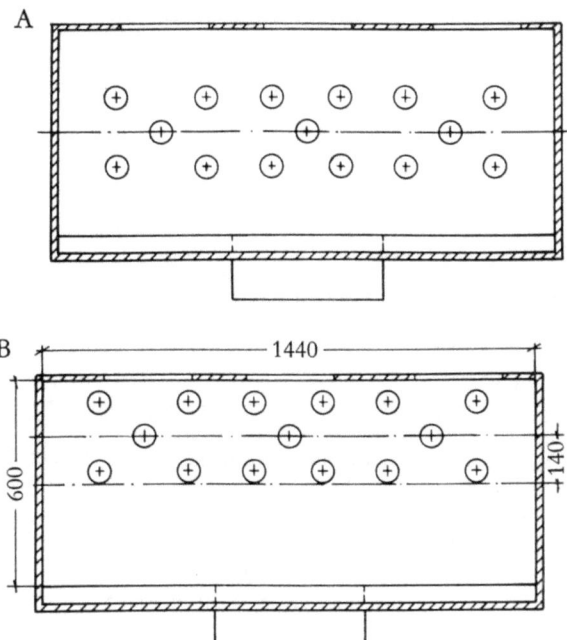

Bild 18 Anordnung der Lampen in einer heißen Zelle nach Beispiel 3
A symmetrisch, B gegen die Fensterseite verschoben

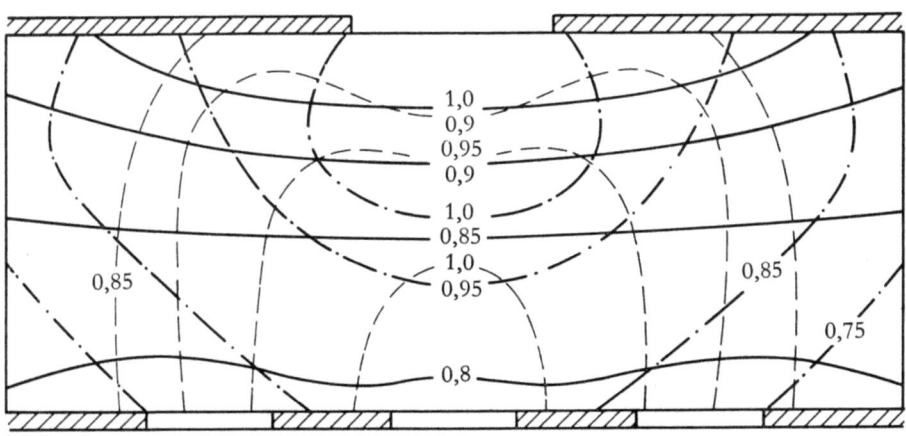

Bild 19 Linien gleicher relativer Beleuchtungstärke in einer heißen Zelle nach Beispiel 3
Lampen symmetrisch angeordnet
——— Horizontalbeleuchtungstärke (Mittelwert 4000 lx)
- - - - Vertikalbeleuchtungstärke (Mittelwert 2050 lx)
–·–·– Beleuchtungstärke unter 25° (Mittelwert 3250 lx)

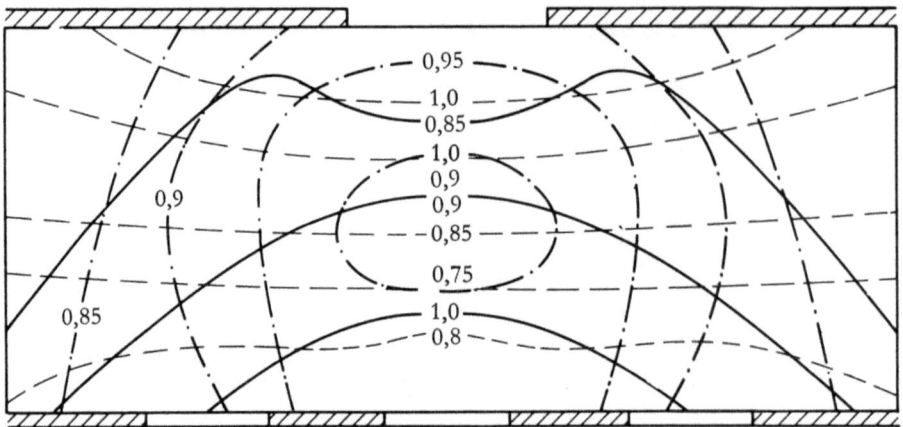

Bild 20 Linien gleicher relativer Beleuchtungstärke in einer heißen Zelle nach Beispiel 3
Lampen gegen die Fensterseite verschoben
————— Horizontalbeleuchtungstärke (Mittelwert 4000 lx)
— — — — Vertikalbeleuchtungstärke (Mittelwert 2100 lx)
—·—·—· Beleuchtungstärke unter 25° (Mittelwert 3350 lx)

6. Ergänzungen

Modelle von Innenbeleuchtungsanlagen wird man selbstverständlich nur dann anfertigen und untersuchen, wenn der dazu erforderliche Aufwand in einem vernünftigen Verhältnis zu dem erreichbaren Erfolg steht. Sie sind dann besonders günstig, wenn sie einfach zu bauen sind, vor allem wenn – wie bei Leuchtflächen – die Nachbildung der Lichtquellen keine Schwierigkeiten macht und wenn die Leuchtdichten in Original und Modell einander gleich gemacht werden können (vgl. S. 10). Modelluntersuchungen sind insbesondere dann empfehlenswert, wenn bei einer geplanten Anlage entweder große Summen auf dem Spiele stehen oder wenn neue, noch unerprobte Möglichkeiten für die Beleuchtung vorgeschlagen werden.
Ein vollkommenes Entsprechen der lichttechnischen Werte in Modell und Wirklichkeit kann nur erwartet werden, wenn die geometrische und lichttechnische Ähnlichkeit zwischen Modell und Original bis in die kleinsten Einzelheiten gewahrt ist. In vielen Fällen wird man aber auch bei nur angenäherter Ähnlichkeit zu brauchbaren Ergebnissen kommen und so viel an Mühe und Kosten sparen können. Dies hat selbstverständlich zur Voraussetzung, daß die Vereinfachungen oder Abweichungen nur unwesentliche Einzelheiten betreffen. Allgemein gültige Regeln für die Zulässigkeit solcher Vereinfachungen usw. lassen sich nicht angeben, da die gleiche Einzelheit in einem Fall einen großen, in einem anderen Fall aber so gut wie gar keinen Einfluß haben kann. Man muß daher auf Grund von Ergebnissen in ähnlichen Fällen jeweils über die Notwendigkeit einer mehr oder weniger genauen Nachbildung entscheiden, wozu die in dem vorliegenden Bericht niedergelegten Erkenntnisse und Erfahrungen einen Beitrag liefern mögen. In Zweifelsfällen freilich wird man sich immer bemühen müssen, die Ähnlichkeit so weit zu treiben, als dies irgend angängig ist.

Zusammenfassung

Vielfach ist es einfacher und zuverlässiger, interessierende lichttechnische Größen auch bei Innenbeleuchtungsanlagen, vor allem Beleuchtungstärken und Leuchtdichten sowie deren Verteilung, an Modellen zu messen, als sie mühevoll und wegen der dabei notwendigen Vereinfachungen häufig auch unsicherer vorauszuberechnen. Die am Modell bestimmten Größen sind den entsprechenden Größen des Originals proportional, wenn das Modell geometrisch und lichttechnisch ähnlich ist. Geometrisch ähnlich ist ein Modell, das alle Einzelheiten maßstabgetreu wiedergibt. Lichttechnische Ähnlichkeit ist vorhanden, wenn die lichttechnischen Eigenschaften, insbesondere die Leuchtdichtefaktoren, aller Flächenelemente des Modells mit denen entsprechender Flächenelemente des Originals übereinstimmen und wenn die Modellichtquellen gleiche relative Lichtstärkeverteilungen haben, wie die des Originals, und wenn dabei ihre Lichtströme denen des Originals proportional sind. Macht man insbesondere die Lichtströme der Modellichtquellen gleich denen mit dem Quadrat des geometrischen Maßstabes multiplizierten der Originallichtquellen, oder, was dasselbe bedeutet, die Leuchtdichten der Modellichtquellen gleich denen der Originallichtquellen, so werden alle einander entsprechenden Beleuchtungsstärken und Leuchtdichten in Modell und Original einander gleich, und das Modell vermittelt bereits bei einfacher Betrachtung einen auch in bezug auf die Helligkeiten richtigen Eindruck. Lichtbilder des Modells vermitteln dann einen richtigen Eindruck vom Original, wenn entsprechende Gegenstände in Original und Lichtbild unter gleichen Winkeln gesehen werden.
Der Maßstab der z. B. aus Sperrholz oder dergleichen aufzubauenden Modelle wird zweckmäßig so gewählt, daß sich Hauptabmessungen des Modells von 1 bis 2 m ergeben, bei denen eine Messung der Beleuchtungsstärken und Leuchtdichten noch mit handelsüblichen Geräten normaler Ausführung möglich ist. Bei der Nachbildung der Lichtquellen ist besonders auf die Übereinstimmung der Lichtstärkeverteilung zu achten, die bei Flächenlichtquellen (Leuchtflächen) wohl am leichtesten zu erreichen ist.
Die mit Modellversuchen gemachten Erfahrungen werden an Hand von drei kennzeichnenden Beispielen ausführlich dargelegt und erörtert.

Prof. Dr.-Ing. W. Wiechowski
Dipl.-Ing. R. Schneppendahl
Dipl.-Ing. N. Vormann

ANHANG:

Herleitung der Modellgesetze

In einem geometrisch ähnlichen Modell mit dem Maßstab $M = 1 : m$ sind die Längen s' im Modell $\frac{1}{m}$-mal kleiner als die wirklichen Längen s. Damit werden Flächen A' des Modells als Quadrate von Längen $\left(\frac{1}{m}\right)^2$-mal kleiner als die wirklichen Flächen A. Ebene Winkel φ (Quotienten zweier Längen) und Raumwinkel ω (Quotienten zweier Flächen) bleiben erhalten:

$$s' = \frac{1}{m}s, \qquad A' = \frac{1}{m^2}A, \qquad \varphi' = \varphi, \qquad \omega' = \omega \qquad (11)$$

Zur Herleitung der für das Modell geltenden Gesetzmäßigkeiten geht man zweckmäßig von dem sogenannten *photometrischen Grundgesetz* aus, das den differentiellen Lichtstrom $d^2\Phi_{12}$ angibt, der von einem mit der Leuchtdichte L_1 strahlenden Flächenelement dA_1 ausgehend auf ein zweites Flächenelement dA_2 im Abstand r auftrifft, Bild 21.

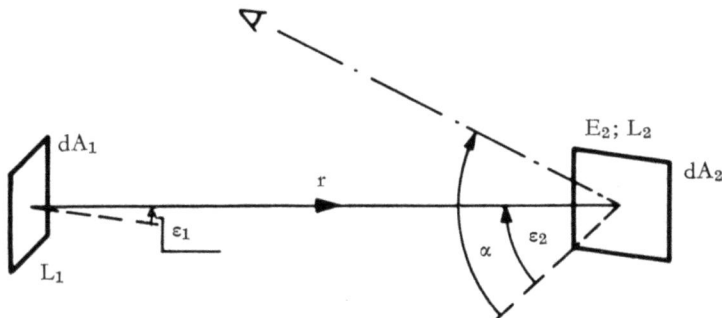

Bild 21   Zur Herleitung des Modellgesetzes

Als Größengleichung geschrieben, lautet diese Beziehung:

$$d^2\Phi_{12} = \frac{\Omega}{4\pi} \frac{dA_1 \, dA_2 \cos \varepsilon_1 \cos \varepsilon_2}{r^2} L_1 \qquad (12)$$

Hierin bedeuten ε_1 und ε_2 Ausstrahlungs- und Einstrahlungswinkel, d. h. die Winkel, die die Verbindungsgerade der Flächenelemente mit der jeweiligen Flächennormale einschließt. Ω schließlich ist der volle Raumwinkel. Bei Verwendung der Einheit Steradiant ist $\Omega = 4\pi$ sr.

Aus Gl. (12) folgt für die differentielle Beleuchtungstärke auf dA_2:

$$dE_2 = d\left(\frac{d\Phi_{12}}{dA_2}\right) = \frac{\Omega}{4\pi} \frac{dA_1 \cos\varepsilon_1 \cos\varepsilon_2}{r^2} L_1 \qquad (13)$$

Die Gesamtbeleuchtungstärke auf dA_2 ergibt sich dann durch Integration über alle beleuchtenden Flächenelemente dA_1

$$E_2 = \frac{\Omega}{4\pi} \int_A \frac{\cos\varepsilon_1 \cos\varepsilon_2}{r^2} L_1 \, dA_1 \qquad (14)$$

Hierin sind alle unter dem Integralzeichen stehenden Größen, d. h. nicht nur ε_1, ε_2, r und dA_1, sondern auch L_1 im allgemeinen von geeignet zu wählenden Ortskoordinaten abhängig.
Die Leuchtdichten L'_1 der beleuchtenden Flächenelemente im Modell sollen überall den Leuchtdichten L_1 der entsprechenden wirklichen Flächenelemente proportional sein:

$$L'_1 = n L_1 \qquad (15)$$

wobei n eine das Modell kennzeichnende Konstante ist.
Damit wird die Beleuchtungstärke im Modell bei Berücksichtigung der Gl. (11)

$$E'_2 = \frac{\Omega}{4\pi} \int_A \frac{\cos\varepsilon'_1 \cos\varepsilon'_2}{r'^2} L'_1 \, dA'_1 = \frac{\Omega}{4\pi} \int_A \frac{\cos\varepsilon_1 \cos\varepsilon_2}{\left(\frac{1}{m}r\right)^2} (n\, L_1) \, d\left(\frac{1}{m^2} A_1\right)$$

$$= n \frac{\Omega}{4\pi} \int_A \frac{\cos\varepsilon_1 \cos\varepsilon_2}{r^2} L_1 \, dA_1 \qquad (14a)$$

und es folgt

$$E'_2 = n E_2 \qquad (16)$$

Aus den Gln. (14) und (14a) ergeben sich schließlich die Leuchtdichten von dA_2 und dA'_2 bei Betrachtung unter dem Winkel α gegen die Flächennormale (Bild 21) für Original und Modell:

$$L_2 = l_\alpha E_2 \qquad L'_2 = l'_\alpha E'_2 \qquad (17)$$

Mit der Beziehung Gl. (16) wird

$$L'_2 = n \frac{l'_\alpha}{l_\alpha} L_2 \qquad (17a)$$

Hierbei sind l_α und l'_α die (richtungsabhängigen) *Leuchtdichtefaktoren* der Flächenelemente dA_2 und dA'_2, die ihre Reflexionseigenschaften kennzeichnen.

Reflektiert eine Fläche vollkommen streuend, so ist ihr Leuchtdichtefaktor von der Beobachtungsrichtung unabhängig und es gilt $l = \frac{4}{\Omega} \rho$, wobei ρ der als Verhältnis von reflektiertem zu auftreffendem Lichtstrom erklärte Reflexionsgrad ist.

Bei der Erzeugung der Beleuchtungstärke auf dA_2 und dA_2' nach den Gl. (14) und (14a) wirken nun aber, insbesondere in Innenräumen, nicht nur die Elemente der Oberfläche der eigentlichen Lichtquellen, sondern auch die Elemente aller reflektierenden Flächen (Sekundärlichtquellen) als beleuchtende Flächenelemente dA_1 und dA_1'. Die als Gl. (17a) gefundene Beziehung verträgt sich also nur dann mit der Forderung $L_1' = n\, L_1$, wenn $l_\alpha = l_\alpha'$ ist, d. h. wenn die Leuchtdichtefaktoren entsprechender Flächenelemente in Modell und Original übereinstimmen, d. h. wenn einander entsprechende Flächen in Modell und Original gleiche Reflexionseigenschaften haben.

Trifft dies zu (lichttechnisch ähnliche Modelle), so können auch alle im Modell und Original einander entsprechenden Lichtströme, insbesondere die von den Lichtquellen im Modell auszustrahlenden, einfach bestimmt werden. Aus den die Größen Leuchtdichte L, Lichtstärke I und Lichtstrom Φ erklärenden Beziehungen

$$L = \frac{dI}{dA \cos \varepsilon_1} \quad \text{und} \quad I = \frac{d\Phi}{d\omega} \tag{18}$$

folgt z. B. für den Lichtstrom einer Lichtquelle

$$\Phi = \int_{A,\omega} L \cos \varepsilon_1\, dA\, d\omega \tag{19}$$

wobei die Integration über die gesamte Oberfläche der Lichtquelle und den Raumwinkel zu erstrecken ist, in den sie strahlt. Mit $L' = n\, L$, $dA' = \frac{1}{m^2} dA$, $\varepsilon_1' = \varepsilon_1$ und $\omega' = \omega$ ergibt sich

$$\Phi' = \frac{n}{m^2}\, \Phi = n\, M^2\, \Phi \tag{20}$$

Die Gl. (15), (16) und (20) ergeben zusammengefaßt schließlich das gesuchte Modellgesetz [Gl. (1), S. 10].

Schrifttum

[1] Die Projektierung von Beleuchtungsanlagen für Innenräume nach dem Wirkungsgradverfahren. Veröffentlichung des Fachausschusses »Methoden zur Beleuchtungsberechnung« der Lichttechnischen Gesellschaft e. V., Karlsruhe. Bearbeitet von Dipl.-Ing. K. STOLZENBERG, München, und Dipl.-Ing. E. WITTIG, Erlangen, 2. Aufl., Aug. 1962.

[2] SCHNEPPENDAHL, R., und W. WIECHOWSKI, Aachen, Modelle für Innenraumbeleuchtungsanlagen. Lichttechnik 12 (1960), S. 551.

[3] HARRISON, W., und E. A. ANDERSON, Coefficients of utilization. Trans. Illuminating Eng. Soc. (USA), 15 (1920), S. 97.

[4] HENTSCHEL, H.-J., und P. UNHAVAITHAYA, Über den Einfluß von Leuchten auf den Beleuchtungswirkungsgrad. Lichttechnik 13 (1961), S. 405.

[5] STALDER, H. J., und A. R. LAUER, Effect of Pattern Distribution on Perception of Relative Motion in Low Levels of Illumination. Highway Research Board Bulletin 56, S. 56, New York 1952.

[6] DOREY, G. M., Experiments in Side Street Lighting with a Scale Model. Light and Lighting 48 (1955), S. 277.

[7] WALDRAM, J. M., The Lighting of Tunnels. Light and Lighting 48 (1955), S. 277.

[8] LONGMORE, J., The Role of Artificial Skies in Daylighting Design. Trans. Illuminating Eng. Soc. (London), 27 (1962), S. 121.

[9] MATVEEV, A. B., Modelle von Beleuchtungsanlagen. Svetotechnika 8 (1962), S. 6 (russ.).

[10] COULON, J., Étude des filaments incandescents – application à la similitude. Lux 1962. S. 277.

[11] Archiv für Technisches Messen, Blatt V 423-6.

[12] Archiv für Technisches Messen, Blatt V 423-5.

[13] Archiv für Technisches Messen, Blätter V 424-3 und V 424-4.

[14] Archiv für Technisches Messen, Blatt V 423-4.

[15] MUTTER, E., Kompendium der Photographie, 1. Bd., Berlin 1957.

[16] Das Karl-Arnold-Haus der Wissenschaften der Arbeitsgemeinschaft für Forschung des Landes Nordrhein-Westfalen in Düsseldorf. Planungs- und Bauberichte, Bd. 19, der Wissenschaftlichen Abhandlungen der Arbeitsgemeinschaft für Forschung des Landes Nordrhein-Westfalen, Köln und Opladen 1960.

[17] IES, American Standard Practice for School Lighting. Illuminating Eng. 43 (1948).

FORSCHUNGSBERICHTE DES LANDES NORDRHEIN-WESTFALEN

Herausgegeben im Auftrage des Ministerpräsidenten Dr. Franz Meyers
von Staatssekretär Prof. Dr. h. c. Dr.-Ing. E. h. Leo Brandt

ELEKTROTECHNIK · OPTIK

HEFT 1
Prof. Dr.-Ing. Eugen Flegler, Aachen
Untersuchungen oxydischer Ferromagnet-Werkstoffe
1952. 19 Seiten. Vergriffen

HEFT 12
Elektrowärme-Institut, Langenberg (Rhld.)
Induktive Erwärmung mit Netzfrequenz
1952. 14 Seiten, 6 Abb. DM 5,20

HEFT 23
Institut für Starkstromtechnik, Aachen
Rechnerische und experimentelle Untersuchungen zur Kenntnis der Metadyne als Umformer von konstanter Spannung auf konstanten Strom
1953. 42 Seiten, 21 Abb., 4 Tafeln. DM 9,75

HEFT 24
Institut für Starkstromtechnik, Aachen
Vergleich verschiedener Generator-Metadyne-Schaltungen in bezug auf statisches Verhalten
1951. 36 Seiten, 23 Abb. DM 8,50

HEFT 44
Arbeitsgemeinschaft für praktische Dehnungsmessung, Düsseldorf
Eigenschaften und Anwendungen von Dehnungsmeßstreifen
1953. 68 Seiten, 43 Abb., 2 Tabellen. Vergriffen

HEFT 62
Prof. Dr. Walter Franz, Institut für theoretische Physik der Universität Münster
Berechnung des elektrischen Durchschlags durch feste und flüssige Isolatoren
1954. 26 Seiten. DM 7,—

HEFT 77
Meteor Apparatebau Paul Schmeck GmbH, Siegen
Entwicklung von Leuchtstoffröhren hoher Leistung
1954. 35 Seiten, 12 Abb., 2 Tabellen. DM 9,15

HEFT 100
Prof. Dr.-Ing. Herwart Opitz, Aachen
Untersuchungen von elektrischen Antrieben, Steuerungen und Regelungen an Werkzeugmaschinen
1955. 151 Seiten, 71 Abb., 3 Tabellen. DM 31,30

HEFT 156
Prof. Dr.-Ing. habil. B. v. Borries,
Dr. rer. nat. Dipl.-Chem. J. Johann, Ing. J. Huppertz,
Dipl.-Phys. Günther Langner,
Dr. rer. nat. Dipl.-Phys. F. Lenz und
Dipl.-Phys. W. Scheffels, Düsseldorf
Die Entwicklung regelbarer permanentmagnetischer Elektronenlinsen hoher Brechkraft und eines mit ihnen ausgerüsteten Elektronenmikroskopes neuer Bauart
1956. 88 Seiten, 52 Abb. DM 22,55

HEFT 179
Dipl.-Ing. H. F. Reineke, Bochum
Entwicklungsarbeiten auf dem Gebiete der Meß- und Regeltechnik
1955. 34 Seiten, 10 Abb. DM 10,—

HEFT 181
Prof. Dr. Walter Franz, Münster
Theorie der elektrischen Leitvorgänge in Halbleitern und isolierenden Festkörpern bei hohen elektrischen Feldern
1955. 16 Seiten, 2 Abb., 1 Tabelle. DM 6,20

HEFT 208
Prof. Dr.-Ing. Harald Müller, Elektrowärme-Institut, Essen
Untersuchung von Elektrowärmegeräten für Laienbedienung hinsichtlich Sicherheit und Gebrauchsfähigkeit. I. Untersuchungen an Kochplatten
1956. 90 Seiten, 56 Abb., 7 Tabellen. DM 22,70

HEFT 213
Dipl.-Ing. K. F. Rittinghaus, Institut für elektrische Nachrichtentechnik der Rhein.-Westf. Technischen Hochschule Aachen
Zusammenstellung eines Meßwagens für Bau- und Raumakustik
1957. 87 Seiten, 17 Abb., 7 Tabellen. DM 19,80

HEFT 216
Dr. phil. Erwin Kloth, Köln
Untersuchungen über die Ausbreitung kurzer Schallimpulse bei der Materialprüfung mit Ultraschall
1956. 79 Seiten, 60 Abb., 4 Tabellen. DM 19,40

HEFT 265
Prof. Dr. phil. Fritz Micheel und Dr. rer. nat. Rico Engel, Organisch-Chemisches Institut der Universität Münster
Eine Apparatur zur elektrophoretischen Trennung von Stoffgemischen
1956. 27 Seiten, 21 Abb. DM 9,20

HEFT 276
E. Haage, Mülheim/Ruhr
Entwicklungsarbeiten im Apparatebau für Laboratorien
1956. 36 Seiten, 18 Abb. DM 10,50

HEFT 309
Prof. Dr. phil. Kurt Cruse, Dipl.-Phys. Benno Ricke und Dipl.-Phys. Reinhard Huber, Physikalisch-chemisches Institut der Bergakademie Clausthal-Zellerfeld
Aufbau und Arbeitsweise eines universell verwendbaren Hochfrequenz-Titrationsgerätes
1956. 40 Seiten, 29 Abb. DM 11,90

HEFT 310
Dr. rer. nat. Paul Friedrich Müller, Bonn
Die Integrieranlage des Rheinisch-Westfälischen Instituts für Instrumentelle Mathematik in Bonn
1956. 54 Seiten, 6 Abb., 31 Schaltskizzen. DM 14,45

HEFT 331
Dipl.-Ing. Georg Bretschneider, Studiengesellschaft für Höchstspannungsanlagen e. V., Ruit
Die Messung der wiederkehrenden Spannung mit Hilfe des Netzmodelles
1956, 37 Seiten, 21 Abb., 2 Tabellen. DM 11,20

HEFT 341
Prof. Dr.-Ing. Helmut Winterhager und Dipl.-Ing. Leo Werner, Aachen
Präzisions-Meßverfahren zur Bestimmung des elektrischen Leitvermögens geschmolzener Salze
1956. 36 Seiten, 19 Abb., 1 Tabelle. DM 10,60

HEFT 403
Prof. Dr.-Ing. Paul Denzel und Dipl.-Ing. Wilhelm Cremer, Aachen
Verbesserung der Benutzungsdauer der Höchstlast in ländlichen Netzen durch vermehrte Anwendung elektrischer Geräte in der Landwirtschaft
1957. 33 Seiten, 23 Abb. DM 12,10

HEFT 438
Prof. Dr.-Ing. Helmut Winterhager und Dr.-Ing. Leo Werner, Aachen
Bestimmung des elektrischen Leitvermögens geschmolzener Fluoride
1957. 39 Seiten, 18 Abb., 10 Tabellen. DM 11,90

HEFT 440
Dr.-Ing. Hellmuth Wolf, Institut für Hochfrequenztechnik der Rhein.-Westf. Technischen Hochschule Aachen
Gekoppelte Hochfrequenzleitungen als Richtkoppler
1958. 107 Seiten, 44 Abb. DM 31,60

HEFT 513
Prof. Dr. Wilhelm Ludolf Schmitz und Dr. rer. nat. Franz Schmitt, Institut für Röntgenforschung an der Universität Bonn
Die Verwendung des Magnetbandgerätes zur Speicherung des Kurvenverlaufs elektrischer Ströme *1958. 56 Seiten, 35 Abb. DM 17,65*

HEFT 520
Prof. Dr.-Ing. Herwart Opitz, Dipl.-Ing. Hans Obrig und Dipl.-Ing. Paul Kips, Laboratorium für Werkzeugmaschinen und Betriebslehre der Rhein.-Westf. Technischen Hochschule Aachen
Untersuchung neuartiger elektrischer Bearbeitungsverfahren
1958. 44 Seiten, 35 Abb., 2 Tabellen. DM 14,70

HEFT 522
Dr.-Ing. Joachim Lorentz, Bonn, und Dr.-Ing. Karlheinz Brocks, Mülheim/Ruhr
Elektrische Meßverfahren in der Geodäsie
1958. 108 Seiten, 49 Abb., 5 Tabellen. DM 28,—

HEFT 523
Dr.-Ing. Klaus Eberts, Duisburg
Entwicklungen einiger Meßverfahren und einer Frequenz- und amplitudenstabilisierten Meßeinrichtung zur gleichzeitigen Bestimmung der komplexen Dielektrizitäts- und Permeabilitätskonstante von festen und flüssigen Materialien im rechteckigen Hohlleiter und im freien Raum bei Frequenzen von 9200 und 33 000 MHz
1958. 122 Seiten, 37 Abb. DM 30,20

HEFT 535
Dr.-Ing. Josef Lennertz, Köln
Einfluß des Ausbaugrades und Benutzungsgrades nachrichtentechnischer Einrichtungen auf die Gesamtwirtschaft
Ausgeführt von 1954 bis 1956 unter Mitarbeit von *Oberpostrat Dipl.-Ing. Friedrich Einbeck*
1958. 265 Seiten, zahlreiche Tabellen. DM 42,—

HEFT 550
Dr. Hans Stephan, Bonn
Elektrisches Standhöhenmeßgerät für Flüssigkeiten
1958. 25 Seiten, 13 Abb., 2 Tabellen. DM 10,10

HEFT 554
Prof. Dr.-Ing. Harald Müller, Elektrowärme-Institut Essen
Untersuchung von Elektrowärmegeräten für Laienbedienung hinsichtlich Sicherheit und Gebrauchsfähigkeit. — Teil II: Temperaturen an und in schmiegsamen Elektrogeräten
1958. 56 Seiten, 18 Abb., 22 Tabellen. DM 16,70

HEFT 596
Dipl.-Ing. Karl-Ernst Hardieck, Regierungsrat beim Deutschen Patentamt in München
Theoretische und experimentelle Untersuchungen der stationären Vorgänge in magnetischen Verstärkern
Ausgeführt am Institut für Starkstromtechnik der Rhein.-Westf. Technischen Hochschule Aachen
1958. 74 Seiten, 58 Abb. DM 20,20

HEFT 605
Ing. Leonhard Bommes, Mönchengladbach
Bestimmung von Leistung und Wirkungsgrad eines Ventilators
1958. 45 Seiten, 29 Abb., 3 Tabellen. DM 12,60

HEFT 615
Prof. Dr. Walter Weizel und Duk Hyun Whang, Institut für theoretische Physik der Universität Bonn
Stromverteilung auf der Kathode einer Glimmentladung in Spalten bei hohen Drucken und abseits stehender Anode
1958. 28 Seiten, 16 Abb. DM 8,80

HEFT 616
Prof. Dr. Walter Weizel und Wolfgang Ohlendorf, Institut für theoretische Physik der Universität Bonn
Die Glimmentladung in spaltartigen Entladungsräumen *1958. 38 Seiten, 18 Abb. DM 10,70*

HEFT 622
Prof. Dr. Walter Franz, Institut für theoretische Physik der Universität Münster
Theorie der Elektronenbeweglichkeit in Halbleitern
1958. 39 Seiten, 9 Abb. DM 10,80

HEFT 642
Dr.-Ing. Hans-Joachim Eckhardt, Elektrowärme-Institut Essen
Leiter: Prof. Dr.-Ing. Harald Müller
Die dielektrische Trocknung bei erniedrigtem Luftdruck mit Beiträgen zum physikalischen Verhalten der Mischkörper
1958. 65 Seiten, 5 Abb., 19 Beilagen. DM 17,10

HEFT 663
Dr. Hans-Christian Freiesleben, Gesellschaft zur Förderung des Verkehrs e.V., Düsseldorf
Vergleich von Funkortungsverfahren an Bord von Seeschiffen *1958. 19 Seiten. DM 6,20*

HEFT 724
Prof. Dr. Gottfried Eckart, Dr. Friedrich Gimmel, Thilo Conrady und Bernd Scherer, Institut für angewandte Physik und Elektrotechnik der Universität des Saarlandes, Saarbrücken
Sonderfragen bei Breitband-Schlitzantennen
1959. 32 Seiten, 3 Abb., 4 Kurvenblätter. DM 9,40

HEFT 756
Prof. Dr.-Ing. Robert Brüderlink und
Dipl.-Ing. Hansjörg Jansen, Institut für Starkstromtechnik der Rhein.-Westf. Technischen Hochschule Aachen
Drehstrom-Gleichstrom-Steuersatz mit Trockengleichrichter in Einwellen- und Zweiwellenanordnung *1960. 119 Seiten. DM 35,80*

HEFT 784
Dipl.-Ing. Wilfried Sackmann, Gaswärme-Institut e.V., Essen
Wissenschaftliche Leitung: Prof. Dr.-Ing. Fritz Schuster
Untersuchung elektrischer Aufladungserscheinungen an Gasströmungen
1959. 27 Seiten, 15 Abb. DM 9,—

HEFT 786
Prof. Dr.-Ing. Paul Denzel und
Dr.-Ing. Bernhard v. Gersdorff, Institut für elektrische Anlagen und Energiewirtschaft der Rhein.-Westf. Technischen Hochschule Aachen
Untersuchungen über die Möglichkeit der selektiven Erdschlußerfassung durch Messung des im Erdseil von Freileitungen fließenden Nullstroms
1959. 72 Seiten, 40 Abb. DM 19,90

HEFT 824
Dr.-Ing. Klaus Lauterjung, Institut für Hochfrequenztechnik der Rhein.-Westf. Technischen Hochschule Aachen
Untersuchung symmetrischer Hochfrequenzleitungen
1960. 74 Seiten, 10 Abb., 1 Tafel. DM 21,50

HEFT 825
Ltd. Reg.-Direktor Dr. Heinz Gabler und
Reg.-Rat Dr. Gerhard Gresky, Deutsches Hydrographisches Institut, Hamburg
Untersuchung örtlicher Rückstrahler auf Schiffen, vorzugsweise im Grenzwellenbereich, mit dem Sichtfunkpeiler
1960. 60 Seiten, 50 Abb., 3 Tabellen. DM 18,70

HEFT 836
Dipl.-Met. Heinrich Borchardt, Essen
Physikalisch-technische Grundlagen der meteorologischen Anwendung von Radar nach Erfahrungen mit der Wetterradaranlage des Instituts für Mikrowellen in der Deutschen Versuchsanstalt für Luftfahrt e.V., Mülheim (Ruhr)
1960. 139 Seiten, 59 Abb., 4 Tabellen,
4 Tafeln, 5 Bildserien. DM 39,90

HEFT 912
Prof. Dr. rer. techn. Fritz Reutter, Mathematisches Institut der Rhein.-Westf. Technischen Hochschule Aachen
Die nomographische Darstellung von Funktionen einer komplexen Veränderlichen und damit in Zusammenhang stehende Fragen der praktischen Mathematik *1960. 119 Seiten, 4 Abb., 3 Tabellen,*
Anhang mit vielen Abb. DM 35,40

HEFT 1001
Dipl.-Phys. Dr. rer. nat. Günter Langner, Institut für Elektronenmikroskopie an der Medizinischen Akademie, Düsseldorf
Direktor: Prof. Dr. med. H. Ruska
Die Informationsübertragung bei der Mikroskopie mit Röntgenstrahlen
1961. 125 Seiten, 7 Abb. DM 37,—

HEFT 1033
Dr.-Ing. Gustav-Adolf Kayser, Institut für Elektrische Nachrichtentechnik der Rhein.-Westf. Technischen Hochschule Aachen
Beiträge zur Theorie und Praxis selbsttätiger elektrischer Brandmelde-Geber. Teil I
Systematik der Brandmelde-Geber, Prüfung und Analogiebetrachtung der Temperaturgeber
1961. 86 Seiten, 42 Abb., 14 Tafeln. DM 29,10

HEFT 1095
Dr.-Ing. Max Brüderlink, Institut für Starkstromtechnik der Rhein.-Westf. Technischen Hochschule Aachen
Experimentelle und theoretische Untersuchung der statischen Frequenztransformationen von 50 auf 150 Hz
1962. 77 Seiten, 57 Abb. DM 62,—

HEFT 1172
Prof. Dr.-Ing. Volker Aschoff und Dipl.-Ing. Fritz Droop, Institut für elektrische Nachrichtentechnik der Rhein.-Westf. Technischen Hochschule Aachen
Über den Einfluß der elastischen Eigenschaften von Tonbändern auf die Tonhöhenschwankungen von Magnettongeräten
1963. 63 Seiten, 33 Abb. DM 29,80

HEFT 1175
Dipl.-Math. Klaus-Dieter Becker und Dr. rer. nat. Erhard Meister, Universität Saarbrücken
Beitrag zur Theorie des Strahlungsfeldes dielektrischer Antennen
1963. 43 Seiten, 4 Abb. DM 29,80

HEFT 1176
Dipl.-Phys. Alexander Wasiljeff, Universität Saarbrücken
Breitbandimpedanzstudien an Ringschlitzantennen im cm-Wellenbereich
1963. 69 Seiten, 57 Abb. DM 45,80

HEFT 1262
Prof. Dr. Hubert Cremer, Dr. Friedrich-Heinz Effertz und Dr. Karl-Hermann Breuer, Mathematisches Institut der Rhein.-Westf. Technischen Hochschule Aachen
Zur Synthese zweipoliger elektrischer Netzwerke mit vorgeschriebenen Frequenzcharakteristiken
1964. 25 Abb. DM 49,50

HEFT 1263
Prof. Dr. Hubert Cremer, Dr. Friedrich-Heinz Effertz und Wilhelm Meuffels, Mathematisches Institut der Rhein.-Westf. Technischen Hochschule Aachen
Über Realisierbarkeitskriterien für die Synthese zweipoliger elektrischer Netzwerke mit vorgeschriebener Frequenzabhängigkeit
1963. 30 Seiten. DM 17,30

HEFT 1264
Prof. Dr. Hubert Cremer und Dr. Franz Kolberg, Mathematisches Institut der Rhein.-Westf. Technischen Hochschule Aachen
Der Strömungseinfluß auf den Wellenwiderstand von Schiffen
1964. 73 Seiten, 8 Abb. DM 67,—

HEFT 1276
Dr. Wegesin, Ratingen
Untersuchungen schneller Lichtbogenverlängerungen für die Verwendung in Hochspannungsschaltgeräten
1963. 49 Seiten, 27 Abb. DM 24,80

HEFT 1291
Gerhard Schröder, Rhein.-Westf. Institut für Instrumentelle Mathematik Bonn
Über die Konvergenz einiger Jacobi-Verfahren zur Bestimmung der Eigenwerte symmetrischer Matrizen
In Vorbereitung

HEFT 1295
Prof. Dr.-Ing. Max Knoll, Dipl.-Ing. Ingolf Ruge und Dipl.-Ing. Günter Stetter, Elektrizitäts-AG, Ratingen
Teilchenzählung und Dosimetrie mit Silizium-PN-Sperrschichten
1964. 35 Seiten, 23 Abb. DM 22,—

HEFT 1297
Dr.-Ing. Wolfgang Stammen, Elektrowärme-Institut Essen
Bestimmung der Strahlungseigenschaften von festen Körpern bei Temperaturstrahlung und Entwicklung eines vollständig diffus reflektierenden Vergleichsnormals
In Vorbereitung

HEFT 1306
Prof. Dr. E. Peschl und Dr. Karl Wilhelm Bauer, Rhein.-Westf. Institut für Instrumentelle Mathematik Bonn
Über eine nichtlineare Differentialgleichung 2. Ordnung, die bei einem gewissen Abschätzungsverfahren eine besondere Rolle spielt
In Vorbereitung

HEFT 1307
Dipl.-Math. Jürgen R. Mankopf, Rhein.-Westf. Institut für Instrumentelle Mathematik Bonn
Über die periodischen Lösungen der VAN DER POLschen Differentialgleichung $\ddot{x} + \mu (x^2 - 1) \dot{x} + x = 0$

HEFT 1308
Heinz Ober-Kassebaum, Rhein.-Westf. Institut für Instrumentelle Mathematik Bonn
Über die P-Separation der Schrödinger-Gleichung und der Laplace-Gleichung in Riemannschen Räumen
In Vorbereitung

HEFT 1316
Dr. Franz Kolberg, Institut für Mathematik und Großrechenanlagen der Rhein.-Westf. Technischen Hochschule Aachen
Direktor: Prof. Dr. Hubert Cremer
Theoretische Untersuchung des Begegnungs- oder Überholungsvorganges von Schiffen
In Vorbereitung

HEFT 1317
Prof. Dr. Hubert Cremer und Dr. Franz Kolberg, Institut für Mathematik und Großrechenanlagen der Rhein.-Westf. Technischen Hochschule Aachen
Zur Stabilitätsprüfung von Regelungssystemen mittels Zweiortskurvenverfahren
In Vorbereitung

HEFT 1329
Dr.-Ing. Jochen Jees, Lehrstuhl für Nachrichtenverarbeitung an der Technischen Hochschule Karlsruhe
Katalog normierter Tiefpaßübertragungsfunktionen mit Tschebyscheffverhalten der Impulsantwort und der Dämpfung
In Vorbereitung

HEFT 1334
Prof. Dr.-Ing. W. Wiechnowski, Dipl.-Ing. R. Schneppendahl und Dipl.-Ing. N. Vormann, im Auftrage von Prof. Dr.-Ing. E. Flegler, Rogowski-Institut für Elektrotechnik der Rhein.-Westf. Technischen Hochschule Aachen
Untersuchungen an Modellen von Innenbeleuchtungsanlagen

HEFT 1367
Prof. Dr. rer. techn. Fritz Reutter und Dr. phil. Johannes Knapp, Institut für Geometrie und Praktische Mathematik der Rhein.-Westf. Technischen Hochschule Aachen
Untersuchungen über die numerische Behandlung von Anfangswertproblemen gewöhnlicher Differentialgleichungssysteme mit Hilfe von LIE-Reihen und Anwendungen auf die Berechnung von Mehrkörperproblemen
1964. 69 Seiten, 4 Seiten tabellarischer Anhang. DM 49,50

HEFT 1395
Prof. Dr. rer. techn. Fritz Reutter und Dr. rer. nat. Dieter Haupt, Institut für Geometrie und Praktische Mathematik der Rhein.-Westf. Technischen Hochschule Aachen
Untersuchungen auf dem Gebiete der praktischen Mathematik
In Vorbereitung

Verzeichnisse der Forschungsberichte aus folgenden Gebieten können beim Verlag angefordert werden:
Acetylen/Schweißtechnik – Arbeitswissenschaft – Bau/Steine/Erden – Bergbau – Biologie – Chemie – Eisenverarbeitende Industrie – Elektrotechnik/Optik – Energiewirtschaft – Fahrzeugbau/Gasmotoren – Farbe/Papier/Photographie – Fertigung – Funktechnik/Astronomie – Gaswirtschaft – Holzbearbeitung – Hüttenwesen/Werkstoffkunde – Kunststoffe – Luftfahrt/Flugwissenschaften – Luftreinhaltung – Maschinenbau – Mathematik – Medizin/Pharmakologie/NE-Metalle – Physik – Rationalisierung – Schall/Ultraschall – Schiffahrt – Textiltechnik/Faserforschung/Wäschereiforschung – Turbinen – Verkehr – Wirtschaftswissenschaft.

 WESTDEUTSCHER VERLAG · KÖLN UND OPLADEN
567 Opladen/Rhld., Ophovener Straße 1–3

MIX
Papier aus verantwortungsvollen Quellen
Paper from responsible sources
FSC® C105338

If you have any concerns about our products,
you can contact us on
ProductSafety@springernature.com

In case Publisher is established outside the EU,
the EU authorized representative is:
**Springer Nature Customer Service Center GmbH
Europaplatz 3, 69115 Heidelberg, Germany**

Printed by Libri Plureos GmbH
in Hamburg, Germany